JN300866

人間のための
一般生物学

武村政春 著

裳 華 房

Fundamentals of Biology for Human Life Science

Masaharu TAKEMURA, Ph.D.

SHOKABO

TOKYO

JCOPY 〈出版者著作権管理機構 委託出版物〉

はじめに

　生物学の教科書もこれまで数多く出版されてきたが，そうした先学たちの努力の合間に割り込むようにして本書を出す意義とは，果たして何であろうか．『人間のための 一般生物学』と銘打った以上，そのタイトルが表している有用性，すなわち本当に「人間のために」なっているのかどうなのか，が本書の中に見えていなくてはならない．

　生物学は，物理学や化学と並ぶ，自然科学における最重要の学問である．世界で最も権威ある科学誌 *Nature*（ネイチャー）に投稿される論文は，ほぼ物理分野と生物分野に分かれるが，その難関をくぐりぬけて掲載された論文は，いまや生物分野（医学・生命科学を含む）の方が物理分野（天文学を含む）よりも多いくらいだ．このことはとりもなおさず，最新の科学の発展は生物学，そしてより人間と密接に関わりの深い生命科学の発展に大きく依拠していることを意味している．

　生命科学の発展は，その礎（いしずえ）である生物学の発展なしにはあり得なかった．その生物学を，上記のような背景に鑑（かんが）み，より人間として身近に捉える必要性は，筆者もかねてから繰り返し主張していた．今ここで筆者は，「人間のための」生物学という視点を立ち上げるに当たり，これまでの生物学の教科書でよく用いられてきた教育内容の分類法を無視し，「人間の一生」と密接に結びつけながら，半ば強引にではあるけれども，生物学全体を俯瞰（ふかん）できるような新しい内容の本を書こうと努めた．その結果が，本書『人間のための 一般生物学』として読者諸賢の目に触れることになったわけである．

　本書はあくまでも「人間のための」生物学であり，その内容は必ずしも「人間の」生物学ではない．したがって，光合成や動物の社会，生態系の仕組みといった，いわゆる「人間の生物学」とはやや距離を置く内容も含まれる．光合成はすべての生物にとってなくてはならない営みであり，生態系はすべての生物の生き様を包含する重要なシステムである．「すべての生物」には当然，人間も含まれよう．「人間のための生物学」は，人間が今ここに生きているその証（あかし）としての生物学的諸現象を，すべて含むものでなければならないのである．

はじめに

ところで，筆者が本書の執筆を行うにあたって常に念頭にあったのは，東京理科大学理学部第二部における通年科目「基礎生物学」である．東京理科大学は，明治時代に創設された物理学校以来，百年以上の歴史をもち，その歴史からもわかるように物理，化学，数学に重点を置いて発展してきた．したがって（と言うべきか，しかしながらと言うべきか），我が理学部には生物学科もしくはこれに該当する学科が未だに存在しない．理学部第二部は俗に言う夜間部で，東京理科大学でも最も伝統のある学部であるが（物理学校は夜間部からスタートした），やはり生物学科はない．生物学・生命科学系は，薬学部や理工学部などにあるが，それらはみな，千葉県野田市にある野田キャンパスにあり，理学部と工学部のある新宿区・神楽坂キャンパスには存在しない．その結果，筆者のような人間は「教養」に所属し，学生諸君には「教養科目」の一つとして生物学を講義することになっている．

こういうこともあってか，理学部第一部や第二部に入学してくる学生には，化学科などは別にしても，高校時代に生物を選択してきた人間が少ないようである．通年科目「基礎生物学」は，こうした高校で生物を選択しなかった学生向けの講義であるから，その内容は「浅く広く」であり，難易度からすれば高校生物とあまり変わらない（つもりである，講義を担当する側から言えば）．むしろ，高校生物あるいは予備校で教える大学受験に向けた生物よりも「やさしい」という面すらある．したがって本書も，そうした学生諸君もしくは文系の学生諸君向けというスタンスで書いたつもりである．東京理科大学「基礎生物学」のみならず，全国の大学や短大の文系諸学部における教養の生物学における教科書としても，十分通用するはずだと考えている．

本書の出版にあたり，裳華房の國分利幸氏と野田昌宏氏にお世話になった．また掲載した図版について，線画の多くを高橋文子氏とたまきひさお氏に描いていただいたほか，数多くの方々から写真や画像データ等のご提供をいただいた．ここで改めて深謝する次第である．

2007年9月

武 村 政 春

（第2版付記）第1版の間違い等についてご指摘いただいた東京大学大学院理学系研究科教授の塚谷裕一氏に深く感謝の意を表する．

目 次

0 生物学とその歴史
- 0・1 生物学の成り立ち ……………………………………………… 1
- 0・2 生物学の分野 …………………………………………………… 2
- 0・3 「生物学」のはじまり ………………………………………… 3
- 0・4 近代生物学の誕生 ……………………………………………… 5
- 0・5 細胞の発見と細胞説 …………………………………………… 6
- 0・6 遺伝のメカニズムの解明と分子生物学 ……………………… 7

1 人間とはどういう存在か
- 1・1 生物とは何か, 生物の世界とはどういうものか ………… 11
  （1）生物とは何か／（2）生物の世界とはどういうものか／（3）生物の誕生
- 1・2 生物の多様性と進化 ………………………………………… 16
  （1）生物の分類と階層／（2）界を構成する生物の世界／（3）地球上にはどれくらいの種類の生物がいるか／（4）進化論／（5）生物進化の道筋
- 1・3 人間とは何か, 生物の世界で人間はどういう存在か …… 30
  （1）生物学的なヒト／（2）人間の発祥／（3）人間の進化
- 1・4 人間の骨格, 筋肉, 循環 …………………………………… 35
  （1）骨格／（2）筋肉／（3）循環と血液
- 練習問題 ……………………………………………………………… 41

2 人間はどのように生まれてくるのか
- 2・1 発生の研究史 ………………………………………………… 43
  （1）自然発生説とその否定／（2）すべての動物は卵から
- 2・2 受精卵から個体まで ………………………………………… 47
  （1）ウニの発生／（2）植物の発生／（3）人間の発生
- 2・3 細胞の構造 …………………………………………………… 52
  （1）細胞膜／（2）細胞核／（3）ミトコンドリア／（4）小胞体, リボソーム, ゴルジ体／（5）リソソーム, ペルオキシソーム／（6）植物のオルガネラ〜葉緑体と液胞〜

 2・4 組織と器官 ··· *58*
   （1）細胞の分化／（2）組織／（3）器官の形成
 2・5 神経系と脳の発達の仕組み ································· *60*
   （1）神経細胞と神経の伝達メカニズム／（2）神経系／（3）大脳の構造と機能
 練習問題 ·· *66*

③ 人間はなぜ食べなくてはならないのか

 3・1 生態系と食物連鎖の仕組み ································· *67*
   （1）人間の摂食行動の特徴／（2）生物群集と生態系／（3）生態系，食物連鎖の物質的な意義
 3・2 生体を構成する物質 ··· *73*
   （1）生物はどのような物質で成り立っているか／（2）タンパク質とアミノ酸／（3）糖質／（4）脂質
 3・3 消化吸収と物質代謝 ··· *81*
   （1）胃・腸における消化と吸収／（2）肝臓と膵臓／（3）腎臓／（4）食物からエネルギーを得る方法
 3・4 植物の成り立ちと光合成 ··································· *88*
   （1）植物の組織／（2）植物の器官／（3）光合成の仕組み
 3・5 家畜と人間 ·· *93*
   （1）他の生き物を殺すということ／（2）人間と生物の関係の歴史／（3）家畜
 練習問題 ·· *97*

④ 人間はなぜ子を産み，育てるのか

 4・1 性と生殖 ··· *99*
   （1）性とは何か／（2）減数分裂と配偶子の形成／（3）性の決定と性徴
 4・2 受精は生物の一生で最大のイベント ······················ *104*
   （1）受精のために生きる／（2）受精の方法
 4・3 動物の社会と子育て ··· *109*
   （1）群れ社会／（2）社会性動物／（3）親が子（卵）を守る／（4）節足動物の子育て／（5）魚類の子育て／（6）鳥の子育て／（7）哺乳類の子育て
 練習問題 ·· *115*

5 人間はどうやって生きているのか

5・1 細胞増殖の仕組み ··· *117*
　(1) 細胞の増殖と細胞周期／(2) DNA 複製の仕組み／(3) 細胞分裂の仕組み／(4) 細胞骨格とモータータンパク質

5・2 遺伝子とは何か ··· *125*
　(1) メンデルの遺伝の法則と染色体／(2) 遺伝子と DNA／(3) ヌクレオソームとクロマチン

5・3 DNA と RNA ·· *131*
　(1) 核酸の発見と，その研究史／(2) ヌクレオチドと核酸／(3) DNA と RNA の立体構造／(4) RNA の種類

5・4 遺伝子発現の仕組み ··· *139*
　(1) 遺伝子の転写 ～RNA ポリメラーゼによる mRNA 合成～／(2) mRNA の成熟過程／(3) 遺伝暗号／(4) 翻訳 ～リボソームでのタンパク質合成～／(5) タンパク質の輸送

5・5 酵素のはたらき ··· *149*
　(1) 酵素反応／(2) 酵素の性質／(3) リボザイム

練習問題 ·· *154*

6 人間にはなぜ寿命があるのか

6・1 単細胞生物と多細胞生物 ··· *155*
　(1) 単細胞生物と多細胞生物／(2) 単細胞生物から多細胞生物への進化／(3) 細胞の集まりと群体／(4) 生殖細胞 ～不死性を託された細胞～

6・2 人間はなぜ老化するのか ··· *159*
　(1) 個体の死と生殖細胞／(2) 老化にはいくつもの要因がある／(3) 老化の要因

6・3 人間はなぜ病気になるのか ··· *165*
　(1) 病原性微生物による病気／(2) 食物と病気との関係／(3) 遺伝病／(4) がん

6・4 免疫系 ·· *174*
　(1) 自己と非自己の認識／(2) 抗体と抗原／(3) T 細胞／(4) 免疫系と病気

練習問題 ·· *180*

7 人間と現代生物学

- 7・1 遺伝子技術の発展 ･････････････････････････････････････ *181*
- 7・2 遺伝子に関する技術と問題 ･･････････････････････････････ *184*
- 7・3 食の問題 ･･･ *185*
- 7・4 少子化に関する問題 ････････････････････････････････････ *185*
- 7・5 環境問題 ･･･ *186*
- 7・6 生物学を楽しむこと ･･･････････････････････････････････ *189*

参考書・出典一覧 ･･ *191*
人名索引 ･･･ *193*
事項索引 ･･･ *194*

コラム

- 政治家フィルヒョー　8
- ミクロのフランケンシュタイン　15
- ラフレシアの謎　29
- 骨を壊す巨大なモンスター　40
- 日本で最初に「細胞」という言葉を使った学者　46
- ペロミクサと共生細菌たち　57
- 意識の座は左脳か，それとも右脳か　65
- 人間は他の惑星に入植できるのか　72
- シアン化物の功罪　80
- 食虫植物はなぜ虫を食べる必要があるか　92
- 家畜とペット，人はなぜ一方を殺し，一方を慈しむのか　97
- 子宮は精子を吸い上げる　109
- ヒトの子育て　114
- 1 年前のあなたの体と，今日のあなたの体　125
- 利己的な遺伝子　131
- RNA ワールド　138
- 自己複製するリボザイムはつくれるか　153
- アポトーシス　165
- がんの研究史　173
- モノクローナル抗体　179
- 未来の進んだシロアリ社会　190

本文図版：高橋文子，たまきひさお　他

0 生物学とその歴史

　生物学は，生物がもつ仕組みやその成り立ちを理解することを目的とする学問である．人間が生物の一種である以上，生物学は私たちの生活に大きく関わり，影響をもたらす学問であることは自明の理であろう．果たして生物学はどのような学問で，どのように発展してきたのだろうか．まず，序章としてこのことを学んだ上で，「人間のための」生物学へと進むことにしたい．

0・1　生物学の成り立ち

　生物学（Biology）という言葉は比較的新しく生まれた言葉である．この言葉は，ドイツの博物学者**トレヴィラヌス**（G. R. Treviranus, 1776〜1837）が，1802年にその著書『Biologie oder Philosophie der lebenden Natur』の中で初めて「Biologie」として用いたのと，フランスの生物学者で獲得形質の遺伝を提唱したことで知られる**ラマルク**（J.-B. P. A. M. de Lamarck, 1744〜1829）が，それまで動物学と植物学に分かれていた生物の世界の連続性を表す言葉として「生物学」の語を"発明"したのが最初とされる．

　もっともこの言葉が，現在の生物学とほぼ同じ意味で用いられたのは，1818年の**ローレンス**（Sir W. Lawrence, 1783〜1867）の『生理学講義』が最初であった．

　ラマルクが克服しようとしたごとく，18世紀以前の生物学は，動物学と植物学に大きく分かれていた．動物と植物がその基本メカニズムを同じくする生物であるとの認識が起こったのは，せいぜい19世紀になってからであると言ってよい．また生物学のそもそもの源流では，「生命とは何か」という問いかけ以前に，「人間とは何か」，あるいは「なぜ人間は死ぬのか」といった，より身近な問いかけがまずあって，これが**医学**という大きな学問分野をつくり出していた．すなわち，生物学の源は医学である．医学の発展に必要なものとして，

天然に存在する事物から様々な有益なものを得る学問が発達した．それが，自然物のすべてを整理して記載する**博物学**であり，有用な薬を植物から得るための**本草学**（ほんぞう）であった．

　したがって，19世紀以降，生物学は，医学や本草学という身近で生活に役に立つ学問をよりどころに，博物学，動物学，植物学などの諸分野が融合し，生命現象全体を視野に入れる学問へと，大きく成長してきたのである．

　生物学は，生物に関わる事象のすべてを研究する学問であるから，生物の一種たる人間が関わる事象もすべてこれに含まれると考えてよい．それほど大きな学問分野であるから，人間が生きていく上で関わっていくすべての活動に，どこかで必ず生物学が関わっていると考えるべきであろう．

0・2　生物学の分野

　現代の生物学は，「生物学」という大きな枠組みの中で，研究対象や方法論によって様々な学問が分立している．生物学は，どういう生物を対象とするかにより，**動物学，植物学，微生物学**などに分かれる．ウイルスは厳密には生物と言えないが，生物との相互作用の観点から**ウイルス学**も生物学の一分科とみなすことができよう．

　生物学は，生物の「何を」研究するかによっても様々に分けられる．生物の体の成り立ちを構造の観点から明らかにする**解剖学**，生物がどのような仕組みで活動しているかを明らかにする**生理学**，生物間の系統関係を明らかにする**系統学**，生物の進化の道筋を明らかにする**進化学**，生物の系統関係からどの種（しゅ）とどの種が近縁で，どのように分けられるかを研究する**分類学**，行動を通して動物の社会構造を研究する**動物行動学**，生物間相互作用を明らかにし，地球生態系の成り立ちを明らかにする**生態学**，細胞の仕組み，成り立ち，機能を明らかにする**細胞生物学**などがある．また，それぞれ対象とする生物の種類によって**動物生理学，植物生理学，植物系統学，動物分類学**などに分けられる．

　また，研究方法論の違いから，生命現象を化学反応の視点から研究する**生化学**，DNAを中心とする分子の視点から研究する**分子生物学**，物理学の視点から生命現象を追求する**生物物理学**，生物の世界を社会の観点から明らかにする

社会生物学などの学問分野もある．

　繰り返しになるが，生物学はまず，身近にある生物たちをじっくりと観察すること，そしてそれらを記載して生物の世界がどのようなものであるかを明らかにすることから始まった．初期の生物学は形而上的な要素を含む思弁的な一面も持っていたが，やがて顕微鏡が発明され，生物のより細かい構造が観察されるようになると，生物学は博物学から離れ，生命現象とその解明という目的をもった，幅の広い学問へと成長した．

0・3　「生物学」のはじまり

　現在の生物学は，古代ギリシャ，ローマの時代にその源流を求めることができる．その中で，3人の特筆すべき人物を挙げておこう．ヒポクラテス，アリストテレス，そしてガレノスである．

　現在「医学の父」と尊称される**ヒポクラテス**（Hippokrates, 前460～370?．図0・1）は，小アジア半島沿岸部にあるコス島の生まれである．医学を学んだ彼は，病気が神とか悪魔とか，そうした超自然的な力によって起こるのではなく，自然の力によって引き起こされるものであると考えた．ヒポクラテスの学説として現在に伝わる最大のものが，**体液説**である．彼は，すべての病気は4種類の体液（血液，粘液，黄胆汁，黒胆汁）の平衡が崩れることにより生じると考えた．すなわち体が健康であるということは，この4種類の体液のバランスが正常である，ということを意味している．ヒポクラテスの体液説は，後にペルガモン生まれの解剖学者ガレノスによって発展的に再構築される．

図0・1　ヒポクラテス

　ヒポクラテスの死後，**アリストテレス**（Aristoteles, 前384～322．図0・2）が現れた．ヒポクラテスは生物学の萌芽としての医学の開祖であるといえるが，アリストテレスは医学とは立場を離れた基礎的な生物学の直接の開祖とみなすことができよう．

図0·2 アリストテレス

アリストテレスは，自身の観察に基づいた多くの書物を残しており，その一覧から，現在の生物学のいくつかの分科が，すでに彼の時代に始まっていたことがわかる．『動物の部分について』や『動物発生論』はそれぞれ解剖学と発生学，『動物誌』は動物学の嚆矢であり，また『動物誌』におけるアリストテレスの観察力は，おそらく古今に例をみないほど優れたものとされている．

もっとも，その当時としては仕方のないことではあったが，アリストテレスは生物，とりわけ「生命」というものに関して，それは物質に命を与える非物質的なものであるとし，自然は原初より何らかの知的存在によって整えられたとする目的論的な考えをもっていた．生命に内在するそうした存在をアリストテレスは『霊魂論』のなかで「プシュケ」とよんだ．

古代ギリシャの「生物学」は，やがてローマ帝国へと受け継がれた．小アジアに生まれた**ガレノス**（C. Galenos, 129頃〜199．図0·3）は，アレクサンドリアなどで医学の修行をした後，ローマに移住して医者，学者として名を挙げた．ガレノスはヒポクラテスを敬愛し，その科学を継承して，これを発展させた．

ガレノスは，とりわけ解剖学や生理学の分野の貢献に寄与した．解剖学においては，ガレノスはブタやサルなどの動物を多く解剖し，大著『解剖概説』を書き上げた．また生理学においては，動脈に血液が流れていることを初めて明らかにしたほか，ヒポクラテスの体液説を発展的に応用し，「プニューマ」とよばれる物質が体の中を流れることで，血液をつくり出し，感覚や運動の原動力となるという，ガレノス独自の体液理論を打ち立てた．彼の学説は近代生物学が誕生するまでの間，およそ千数百年もの長きにわたって影響力をもち続けた．

図0·3 ガレノス

0・4　近代生物学の誕生

ガレノスの誤りを指摘し，その学説を否定しようとする最初の動きは，16世紀，近代解剖学の父とよばれる**ヴェサリウス**（A. Vesalius, 1514～1564）から始まったと考えていいだろう．ヴェサリウスは，ガレノスを崇拝する旧来の大学教授たちを批判し，ガレノスの説に200か所以上もの誤りを指摘した．

イタリアのパドバ大学に学んだ**ハーヴィ**（W. Harvey, 1578～1657．図0・4）は，その解剖学教授であったヴェサリウスの「曾孫弟子」にあたる．ハーヴィは多くの動物を解剖し，その血流と心臓との関係を詳しく解析し，血液は 心臓→動脈→各組織→静脈→心臓 という流れで循環するという**血液循環説**を発表し，さらに血液循環には肺をめぐる肺循環と，体の各組織をめぐる体循環があることを発見した（図0・5）．

図0・4　ハーヴィ

生理学上の変革のほか，17世紀から18世紀にかけては，生物の分類に関する学問も転換点を迎えていた．動植物の分類は，それまでの本草学から脱皮し，本格的な分類学へと移行しはじめる．イギリスの**レー**（J. Ray, 1627～1705）は，『植物総誌』（1686～1704）の中で多くの植物について記載し，これを果実，種子，葉や花の構造などを手がかりにして，125のグループに分けた．双子葉類，単子葉類という区分を最初に行ったのも彼である．続いて現れたスウェーデンの**リンネ**（C. von Linnè, 1707～1778．図0・6）は，『自然の体系』（1735～1758）において，植

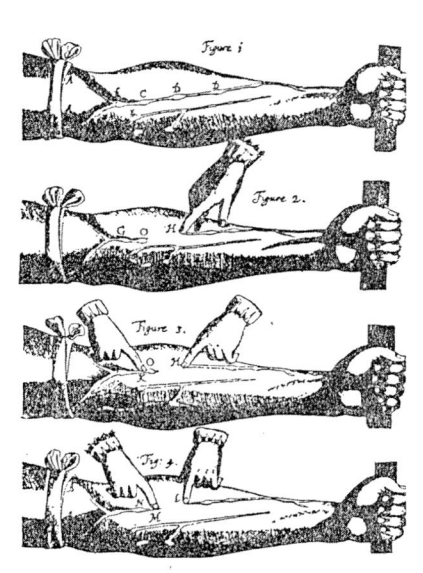

図0・5　ハーヴィの『心臓と血液の運動についての解剖学的説明』における図

物を生殖器官を基準として 24 の綱に，動物を 6 の綱に分類した．リンネは，**ボーアン**（K. Bauhin, 1560～1624）が創始した植物の**二命名法**を，分類学の手法として確立し，『自然の体系　第 10 版』(1758) で動物，植物の双方の分類においてこれを用い，生物分類学の基礎を築いた．

　このように，十数世紀にもわたって「生物学」の上に君臨してきたガレノス的考えを放逐し，「生物学者」たちが目で見ることのできない抽象的概念を捨て，より科学的な手法を用いはじめたとき，近代生物学の芽が誕生したと言える．それと同時に，生物の世界をより細かい視点で観察し，研究することを可能にした**顕微鏡**が 16 世紀末になって発明されたことが，近代生物学の発展に不可欠なものになったのである．

図0・6　リンネ

0・5　細胞の発見と細胞説

　顕微鏡により，生物の体が**細胞**という細かい小胞，小さな小部屋からできていることが発見された時，生物学はさらなる飛躍を約束されたと言ってよい．細胞の存在を世界で最初に記述したのは，イギリスの科学者**フック**（R. Hooke, 1635～1703）である．フックは，英国王立協会幹事を長く務めた偉大な科学者で，物理学，化学，生物学と，広範な分野で様々な功績を残した．フックは，顕微鏡を自ら製作し，それを使って身近な様々なものを観察し，その膨大なスケッチを『ミクログラフィア』という書物として出版した (1665 年)．この本のなかでフックは，コルク片の顕微鏡観察を行い，その結果，コルクはたくさんの「小部屋」からできていることを発見した（図 0・7）．そして，これに対しフックは「cell（細胞）」という言葉を，世界で初めて使用した．

　その後，顕微鏡が徐々に改良され，多くの解剖学者や生理学者によって細胞の観察がなされるようになった．19 世紀になり，**シュライデン**（M. J. Schleiden, 1804～1881）と**シュワン**（T. Schwann, 1810～1882）が**細胞説**を提唱した．すなわちシュライデンは，植物体の構成単位が細胞であることを，シュワンは

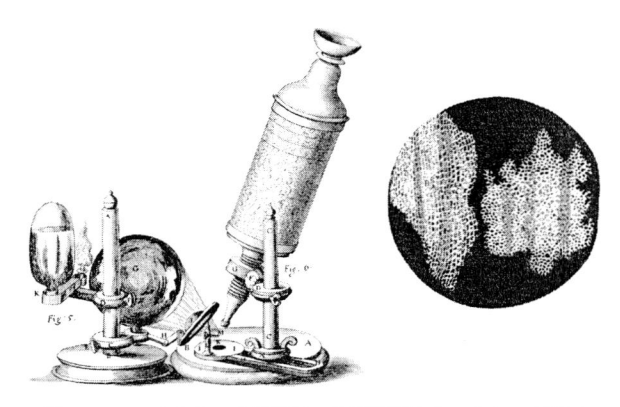

図0・7 フック自作の顕微鏡と,彼が観察したコルクの"細胞"

それに動物を加え,動物と植物の基本的な構成単位は細胞であることを発表した.

　生物の体が細胞でできていることが発見されたことは,生物学が細胞の成り立ちとその機能の研究を中心に発展していく道筋を開くことになった.シュトラースブルガー(E. Strasburger, 1844～1912)やフレミング(W. Flemming, 1843～1905)らにより細胞分裂の研究が進展し,やがてドイツ(プロイセン)の病理学者であった**フィルヒョー**(R. Virchow, 1821～1902.章末コラムも参照)は,病気は人間の体を構成する細胞が,病因に対して様々な反応を引き起こすものであると主張した.フィルヒョーはその大著『細胞病理学』(1858)において「**すべての細胞は細胞から(Omnis cellula e cellula)**」という有名なフレーズを世に残し,細胞を基本として病気の解明を目指す細胞病理学の基礎を打ち立てた.

0・6　遺伝のメカニズムの解明と分子生物学

　細胞が発見され,細胞が分裂によって増えることが明らかになるのと並行して,子が親にどうして似るのかという,生物学の古来の謎に対する研究者の科学的研究が進展を見た.第5章で詳しくご紹介するが,19世紀後半には,**メンデル**(G. J. Mendel, 1822～1884.図0・8)によって**遺伝**に関する初めての科学的報告がなされた(1865).メンデルの発表はほとんど無視されたが,1900年

に3人の科学者によって"再発見"され，**メンデルの法則**として世に出た．メンデルの発表とほぼ同じ頃，**ミーシャー**（J. F. Miescher, 1844～1895）によって**核酸**が発見された(1869)．やがて，核酸には**DNA**（**デオキシリボ核酸**）と**RNA**（**リボ核酸**）の2種類があることが発見された．

1944年，遺伝を担う物質がDNAであることが**エーヴリー**（O. T. Avery, 1877～1955）によって明らかにされ，生物学は新たな段階を迎えた．1953年には，そのDNAの化学的構造が**ワトソン**（J. D. Watson, 1928～．図0・9右）と**クリック**（F. H. C. Crick, 1916～2004．図0・9左）によって明らかにされ，遺伝物質としてのDNAがどのように子孫に伝えられていくのか，その根本的なメカニズムが分子レベルで解明されたことにより，生物学は**分子生物学**という新たな学問をその傘下に誕生させ，発展した．

20世紀後半以降，人間は，生命の設計図であるDNAを操作する技術の開発を成し遂げた．そして生物学は，医学や農学，工学の応用分野を取り込んだ新時代――**生命科学**の時代――を築いていくことになったのである．

図0・8　メンデル

図0・9　ワトソンとクリック

コラム　政治家フィルヒョー

フィルヒョー（図0・10）が，その著書『細胞病理学』の中で，人体を国家，細胞を国民とみたて，「生体は細胞の国家であり，それぞれの細胞は国民．病気は国家の国民間における争いにすぎない」と述べた背景には，科学者としての経歴のほか，プロシアの国会議員，すなわち政治家としての経歴があった．科学ジャーナリストのコールダーによれば，「彼自身は『些細なことに怒りだす』短気な性質で，一度思い立つと科学的に度外れな研究を成し遂

次ページへ

げる能力を持って」いたらしい．フィルヒョーは，フランスの民族学者ドゥ・カトゥルファージュが，プロシア人はフン族だと発言したことに激怒し，プロシアの国会議員として，プロシアの全小学生を対象に体格検査，髪の毛や歯の検査を行わせ，プロシア人はフン族ではなく，フランク人であることを証明したという（コールダー 1996）．1861 年にはプロシアの民主勢力を率いてドイツ進歩党の結成に関わり，時のプロシア首相ビスマルクに抵抗した．「鉄血宰相」ビスマルクも，政敵フィルヒョーの存在には手を焼いたとされ，1865 年には決闘によって決着を着けようとビスマルクに思わせたほどであったと言われる．こうした活動からも予測はつくが，フィルヒョーは社会医学に対して大きな関心をもち，ベルリンの公衆衛生の整備に大きく貢献したし，また科学知識を一般大衆へと広げる活動にも積極的に従事した（吉田 1957）．

図0・10 フィルヒョー

1 人間とはどういう存在か

【本章を学ぶ目的】
　人間が，生物世界の中でどのような位置にいるのかを知ることで，人間が生物の一員であることを再認識する．

1·1　生物とは何か，生物の世界とはどういうものか

　「人間のための」生物学を始めるにあたって，まず私たち人間がその一つであるところの「生物」とは果たしてどのようなものであり，私たち人間は，生物として果たしてどのような存在であるのかを理解しておく必要がある．生物学は，自然科学の大きな一分野であると同時に，「人間学」の大きな一分野でもある．

(1) 生物とは何か

　普段，人間はどういうときに「生きている」ことを実感するのだろう．最愛の家族の死を目の当たりにしたときだろうか．それともエネルギーに満ち溢れた子どもたちが庭を跳ね回る姿を微笑ましく眺めているときだろうか．願うべくは，私たちの普段の生活の様々な諸相において，「生きている」ことを実感できることだろう．私たちが愛する家族，ペット，窓下に広がる緑豊かな植物たち，そして時には忌み嫌うゴキブリやムカデなど．周囲には，ありとあらゆる「生きている」ものたちが存在しているからである．

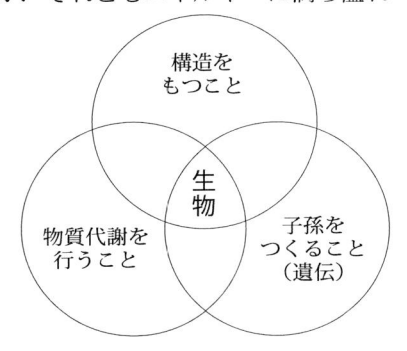

図 1·1　生物の三つの特質

生物, すなわち「生ける物」とは, こうした「生きている」という感覚を, 実際の姿で私たちに示してくれるものたちだ. 生物の特質とは, エネルギーを獲得するために**物質代謝**を行い, その「場」である何らかの**構造**をもつことである. そして生物は, 生殖という行為によって自らのもつ形質を次世代へ伝えていく（**遺伝**）. この三つの特質こそ生物にのみ備わった特質であり（図1・1）, 生物を知ることは, この三つの特質について十分理解することであると言えよう.

(2) 生物の世界とはどういうものか

もちろん, 詳細に検討していくと, 上で述べた三つの特質だけが生物の特徴というわけではないこともわかってくる. 生物が無生物と大きく異なる点は, 上記の物質代謝, 構造, 遺伝という三つの性質を併せもつ以外に, それがある一定の単位の単なる総和ではなく, 総和以上の相乗的な効果をもたらす存在である, ということが挙げられよう.

a. 細胞の世界　すべての生物は, **細胞**からできている（図1・2）. これは, 上記の三つの特徴のうちの一つ,「生物とは何らかの構造をもつもの」という性質と密接に関係している. すなわち生物のもつ構造は, すべて細胞という基本単位に収束する. たった1個の細胞からできているものもあれば, 複数の細胞からできている生物もいる. 複数といっても, その数もバラエティーに富ん

単細胞生物は1個の細胞からできている

動物は細胞からできている　　植物も細胞からできている

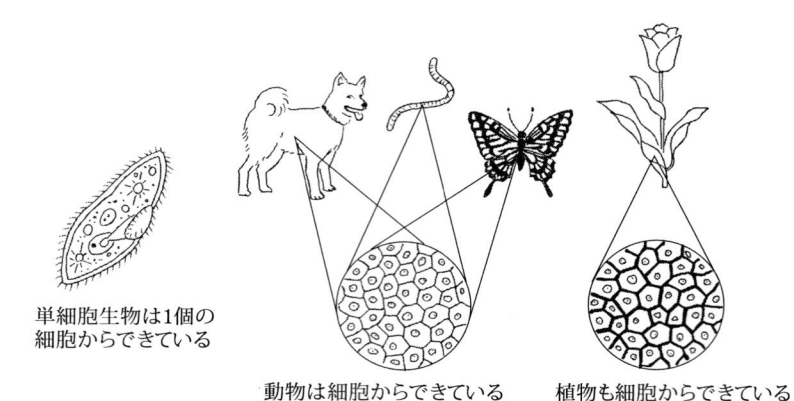

図1・2　すべての生物を構成する「細胞」

でおり，数個の細胞から構成されているものがいれば，私たち人間のように何十兆個もの細胞からできているものもいる．しかし，生物の世界とは単純な「細胞の集まり」ではけっしてない．**多細胞生物**の個体を構成する何十兆個もの細胞は，それぞれが何かに特化したはたらきをもち，お互いに相互作用を行い，一つの大きな社会的秩序を形成している．**単細胞生物**も，お互いに相互作用しながら生きている．また，ある種の生物では，その生活史において単細胞と多細胞の両方の時期があるものもいる．

b. 食う食われるの関係 生物にとって最も重要なことは，他の生物がいないと生きていけない，ということである．生物と生物の相互作用には様々なものがあるが，その最大のものは，いわゆる「食う食われる」の関係である（図1・3）．生物は他種の生物を犠牲にして自分の食料とし，その栄養を取り込むことによって生きている．これは植物についても言えることである．食虫植物のような例外はあるにせよ（92ページのコラム参照），植物も，土壌中にある他の生物の「痕跡」を，栄養源として取り入れる．犠牲となる生物が生きているのか死んでいるのかの違いこそあれ，生産者である植物も，他の生物から何がしかの恩恵を受け，生長し，子孫を残している．

図1・3 食う食われるの関係
草食動物が植物（生産者）を食べ，肉食動物が草食動物を食べる．

c. 生物は進化する 生物は**進化**することができる．交配し，子孫を残すことのできる個体群からなるグループのことを**種**という．種は，時間の経過とともに集団として変化していくという性質をもつ．進化がどのように起こるのか

については，ダーウィン以来，様々な生物学者によって様々な進化論が唱えられてきたが，現在では，ダーウィンの自然選択説の流れを汲む進化の総合学説が最も多くの生物学者によって支持されている（**1・2** 節 (**4**) 参照）．

(3) 生物の誕生

それでは，生物はどうやってこの地球上に誕生したのだろうか．地球が，おそらく太陽系とともにこの宇宙に誕生したのは，今からおよそ 45 億年前のことである．それから 7, 8 億年経過した，今からおよそ 36〜38 億年ほど前になって，地球上に最初の生物が生まれたと考えられている．

a. コアセルベート　旧ソ連の**オパーリン**（A. I. Oparin, 1894〜1980．図 1・4 左）は，原始地球で次のような化学変化（**化学進化**）が起こったと仮定した．まず，大気中のメタン，アンモニア，水蒸気などが反応して簡単な有機物がつくられ，ついでタンパク質や核酸など現在の生命活動の中心となる生体高分子がつくられて海の中に蓄積され，やがて原始細胞が誕生した．オパーリンは，この原始細胞が，原始の海の中で，タンパク質をはじめとする有機成分が集まって，水層から明確に分離される集合体，**コアセルベート**を形成し，これがやがて原始細胞へと進化したと考えた．コアセルベートは，現在でも実験室において実験的につくり出すことができる（図 1・4 右）．一方で，アミノ酸などの有機物は，宇宙から隕石に乗って飛来したとする説もある．

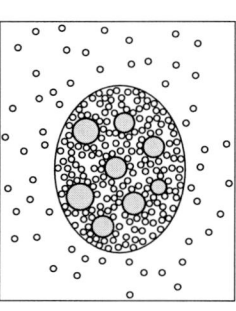

図 1・4　オパーリンとコアセルベート

b. 最初の細胞　海の中で誕生したと考えられる最初の細胞は，果たしてどのような構造をしていたのだろうか．現段階ではこれに対する明確な解答はまだなく，あくまでも推測の域を出ることはない．現在の細胞は，リン脂質を主成分とする脂質二重膜により成り立っているが，原始細胞も果たしてそうだったかは定かではない．ある研究者はやはりリン脂質でできていたと考え，また

他のある研究者はタンパク質でできていたと考えている．いずれにせよ，何らかの膜でできた袋があるとき生じ，その中に高濃度のタンパク質や核酸が閉じ込められた状態ができて，それがやがて原始細胞へと進化していったと考えられる．一方，こうした原始生命は地球外に起原し，隕石などに付着して地球にやってきたとする説（**パンスペルミア説**）を唱える学者もいる．

なお，単細胞生物から多細胞生物への進化については **6・1** 節で，多細胞生物のその後の進化については本章のこの後の節で述べる．

コラム ミクロのフランケンシュタイン

フランケンシュタイン博士が人造人間をつくり出そうとした理由を考えるのは，それほど難しいことではない．生命を自分の手でつくり出したいという欲求は，今も昔も変わりはないからだ．しかし，真っ当な科学者としては，もっと根源にまで辿った上で，生命の根本である生命分子の"創造"から手をつけなければならないだろう．1953年にアメリカの若い大学院生によって成された世界最初の"生命創造"実験は，実際のところ，その意味では成功したと言ってよいだろう．その大学院生ミラー（S. L. Miller, 1930〜2007）は，フラスコの中にメタン，アンモニア，水，そして水素を封入した実験装置を作製し，1週間にわたって放電実験を行った．つまり原始地球で起こっていたであろう大気や天候の状態を実験室内で再現したのである（図1・5）．その結果，グリシンやアラニンといったごく簡単な構造をしたアミノ酸などの有機化合物が生成することを発見した．生命を構成するきわめて重要な分子であるアミノ酸が，自然条件の下で合成されることを示したこの実験は，その後の生命創造をめぐる化学進化の研究を促す金字塔となった．

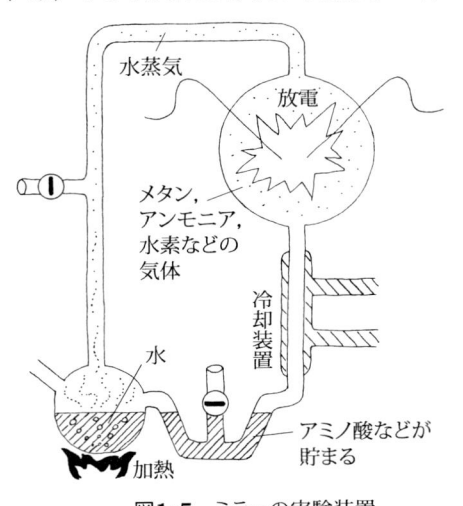

図1・5 ミラーの実験装置

1・2　生物の多様性と進化

私たちは，いつも何らかの生物と接触しながら生活しているし，私たちの身の回りにはじつに多種多様な生物たちが生きている．しかし，一歩熱帯雨林へと足を踏み入れれば，そこにはさらに多くの種類の，私たちがかつて一度も目にしたことのないような生物が跋扈（ばっこ）している．その種類は1000万種以上であろうとも言われる．果たしてどのように，生物はかくも多様に進化してきたのだろうか．

(1) 生物の分類と階層

a. 生物の階層　現在，生物はある一定の決まりによって，階層的に分類される．生物を最も大きくくくるのは**界**（かい）（kingdom）であり，以下**門**（もん），**綱**（こう），**目**（もく），**科**（か），**属**（ぞく）の順に分類されていき，最後に**種**（しゅ）（species）が置かれる（図1・6）．実際には，種が分類の基準となり，いくつかの種を属に，さらに属を科に，という具合にまとめていくというのが正しい．場合に応じて，亜門，上綱（じょうこう），上科，亜種といった階層が，それぞれの間に挿入される．それぞれの生物種に特有の**学名**は，命名規約に基づき，二名式名，三名式名で表されるのが通常である．

界	原生生物界	植物界	動物界
門	繊毛虫門	被子植物門	脊索動物門
綱	貧膜口綱	双子葉植物綱	哺乳綱
目	ツリガネムシ目	バラ目	霊長目
科	ツリガネムシ科	バラ科	ヒト科
属		サクラ属	ヒト属
種	ツリガネムシ (*Vorticella nebulifera*) 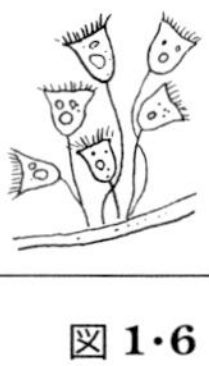	ソメイヨシノ (*Prunus* × *yedoensis*) 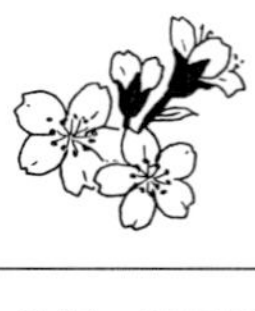	ヒト (*Homo sapiens*) 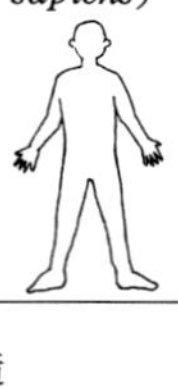

図1・6　生物分類の階層構造

以上の分類法によれば，私たち人間は，動物界・脊索（せきさく）動物門・（脊椎（せきつい）動物亜門・）哺乳（ほにゅう）上綱・真獣亜綱・霊長（れいちょう）目・ヒト上科・ヒト科・ホモ属・サピエンス種に分類される．したがって，人間（ヒト）の学名は，二名法（属名と種小名）により**ホモ・サピエンス** *Homo sapiens* となる．

b. 種とは何か　生物分類学において，生物の分類の基準となるのは**種**である．種の定義は様々だが，一般的にはお互いに生殖を行い，子孫を残すことが

でき、共通した形質をもつ個体群のことを指す。上で述べたように、生物の分類体系は種からはじまって、上の階層に積み上がる具合に構築される。

(2) 界を構成する生物の世界

生物の世界を五つの大きな界に分類する**五界説**は、1959 年にホイタッカー（R. H. Whittaker, 1924 〜 1980、図 1・7 左）が提唱したもので、この説では生物はモネラ界、原生生物界、菌界、動物界、植物界に分けられる（図 1・7 右）。現在では、モネラ界に属する細菌が大きく二つに大別され、しかもそれぞれの進化的な相違は、モネラ界とその他の界との相違に匹敵すると考えられているので、五界説はかならずしも適切な分類法であるとは言えないが、とりあえず本書では、この五界説にそって生物の世界を紹介していくこととする。

図1・7　ホイタッカーと五界説

a. 細菌（バクテリア）の仲間　**モネラ界**には、大腸菌や枯草菌、種々の病原菌などの**細菌（バクテリア）**と、高度好熱菌やメタン生成細菌など私たち人間とはあまり馴染みのない**古細菌（アーキア）**が含まれる。これらの生物は、細胞の中に明瞭な核構造がなく、**核様体**という、細胞の一部の領域に DNA が分散するように存在する構造体をもつ。これを**原核生物**という。一方、原生

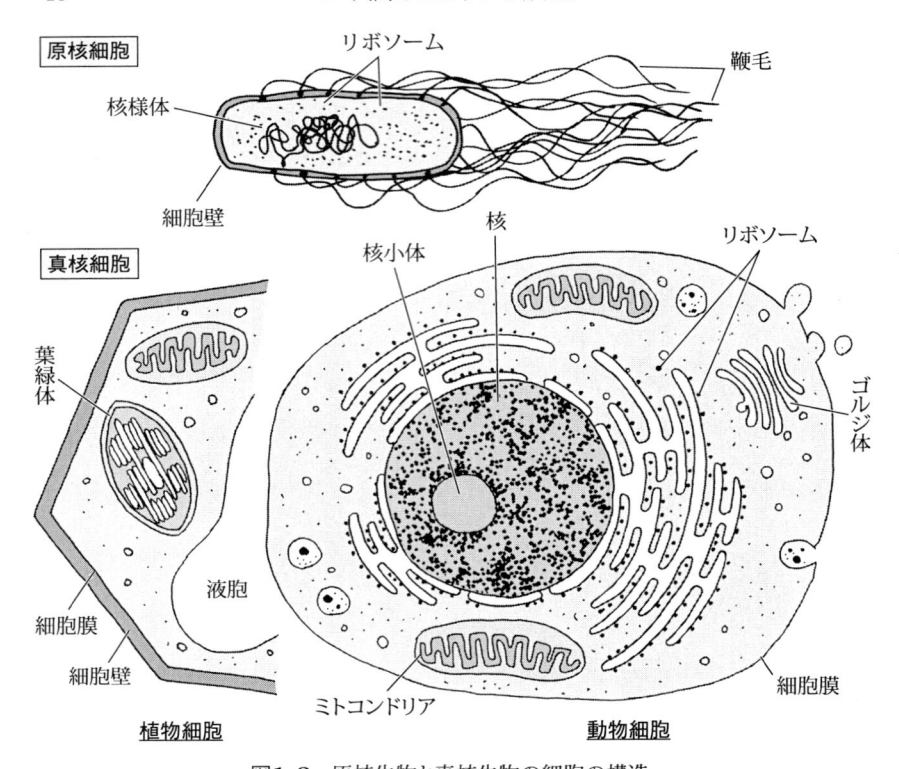

図1・8 原核生物と真核生物の細胞の構造

生物界から菌界，植物界，動物界までの生物の細胞には**核**があり，その中にDNAが納められている．これを**真核生物**という（図1・8）．

最近の研究により，細菌と古細菌はきわめて異なる特徴をもち，古細菌はむしろ，私たち真核生物により近縁であることが明らかになってきたことから，最近では生物界を三つの**超界**（真核生物界，古細菌界，細菌界）に分ける場合が多い．

b．アメーバやゾウリムシの仲間　**原生生物界**には，アメーバやゾウリムシ，ツリガネムシ，藻類といった単細胞性真核生物が主に分類される．これらは，バクテリアと同じ単細胞だが，細胞の大きさはバクテリアよりもはるかに大きく，またその構造もより複雑化して，一つの細胞の中で口や消化器官，排泄器官などに相当する部分が分化している（図1・9）．原生生物の中にはマラリア

原虫や赤痢性アメーバなど，人間に対して病原性を有するものもあるが，その数はきわめて少なく，どちらかといえば原生生物は，私たちの生活とはあまり関係しないところに生活する生物たちであると言える．

　c. **カビとキノコの仲間**　**菌界**は，真核生物に属する生物の仲間で，原生生物などに見られる鞭毛や繊毛が見られないという特徴をもつ．その代表的な生物がカビとキノコであ

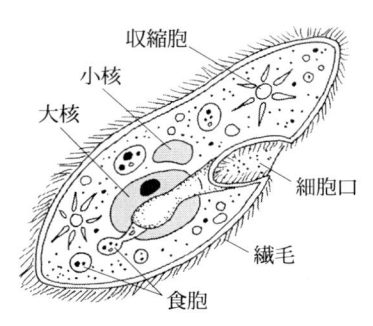

図1·9　ゾウリムシの細胞内構造

る．これらの生物の特徴は，**菌糸**という特殊な構造を伸ばし，生殖に際して**胞子**を形成することである．時折私たちの食卓にのぼるキノコの傘は，言ってみれば菌糸の束であり，それがあの特徴的な形をつくり上げている（図1·10）．パンをつくるときに用いられる酵母も，菌界に属する生物である．

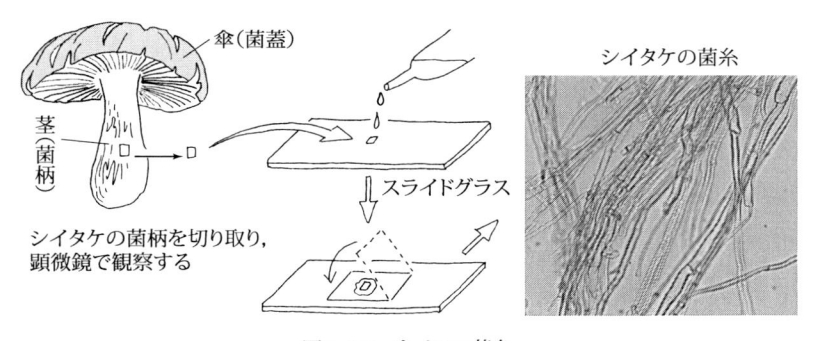

図1·10　キノコの菌糸

　d. **人間やカラスの仲間**　**動物界**は，言うまでもなく私たち人間を含む大きなグループで，肉眼で見ることのできるほぼすべての「動く生物」は，この動物界に含まれる．動物界は，ヒトを含む脊索動物，昆虫やエビ，カニなどの節足動物，イカやタコ，二枚貝などの軟体動物，ウニやヒトデなどの棘皮動物，イソギンチャクやクラゲなどの刺胞動物等，その形態や生態がきわめて多様性に富んでいる．とくに**節足動物**（とりわけ**昆虫**）は，まだ発見されていないものも含めて1000万種以上は存在すると考えられ，五界のすべてを通じて最大の種数を誇る．

脊椎動物は，**脊索動物**に含まれる大きなグループの生物で，分類上は脊椎動物亜門に含まれ，魚綱，両生綱，爬虫綱，鳥綱，哺乳綱の5綱に分類される．

　e. **サクラやソテツの仲間**　植物界は，コケ植物，シダ植物，そして種子植物から構成される．

　コケ植物は，単相の**配偶体**と，複相の**胞子体**という二つの体から構成され，ふつう，胞子体は配偶体の上に形成され，これにより有性生殖を行う．中には，配偶体の一部が新しい個体となる無性生殖を行うものもある．

　シダ植物も，コケ植物と同様，単相の配偶体と複相の胞子体から構成されるが，コケ植物とは異なり，両者は別の世代とみなされる．配偶体は，胞子が発芽することによって形成され，**前葉体**とよばれる構造体をつくる（図1・11）．通常私たちが目にするのは胞子体である．シダ植物は，根，茎，葉が明瞭に分化しており，**維管束**とよばれる，物質や水の通り道の束が大きく発達している．シダ植物はコケ植物よりも複雑な構造をしているが，進化にあたってはコケ植物よりも前に，この地上に進出したと考えられている．

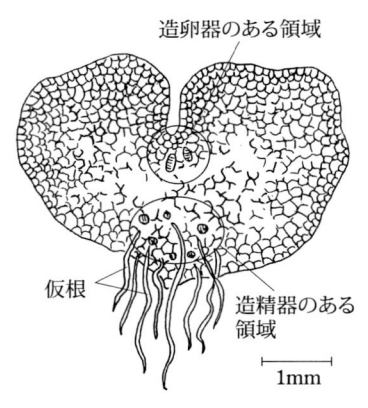

図1・11　シダ植物の前葉体

　種子植物は，通常私たちが目にする植物の大部分を占める．生活環のいずれかの時期に**種子**を形成する植物のグループである．種子植物は花をつけるため，**顕花植物**ともよばれる．大きく**裸子植物**と**被子植物**に分けられる．種数は被子植物の方が圧倒的に多い（約23万種）．かつて被子植物はさらに**双子葉類**と**単子葉類**に分けられてきたが，最近はこうした区別は適切ではないとされている．

(3) 地球上にはどれくらいの種類の生物がいるか

　現在，地球上には少なくとも300万種以上の生物が棲息している．まだ知られていないものが今後発見されていけば，1000万種以上になるとも考えられている．この中でとりわけ種数が多いのが，動物界と植物界であり，しかもその中の特定の門の生物種が非常に多い．

a. 脊索動物門 私たち人間は，現生人類としてはたった1種（*Homo sapiens sapiens*）のみである．人間が属する哺乳類に含まれる動物はおよそ4500種いると考えられている．他の脊椎動物のうち，魚類はおよそ2万5000種，両生類はおよそ2000種，爬虫類はおよそ5000種，そして鳥類はおよそ9000種のものが知られている．これら脊椎動物とホヤなどをあわせた脊索動物の種数は，およそ4万5000種である．

b. 節足動物門 すでに述べたように，門別で，全生物門のうち最も種類が多いのが**節足動物門**に属する生物であり，そのなかでとりわけ**昆虫綱**に属する生物種が最多である．現在わかっているものだけでも100万種以上は存在する．現在知られている全生物種は300万種程度であるから，そのじつに3分の1を昆虫類が占めていることになる．もし熱帯雨林に棲息する昆虫がすべて調べ上げられたら，少なくて1000万種以上，多ければ1億種は存在しているのではないかとさえ考える学者もいる．

c. その他の門 節足動物門に次いで種数が多いのが**被子植物門**に属するいわゆる顕花植物であり，23万種以上のものが知られている．次いで，イカやタコ，貝が含まれる**軟体動物門**（11万種）の生物が続く．

(4) 進化論

かつては，この地球上に存在する生物は，そのすべてが別個につくり出されたという考え方が支配的であった．これには，神が地球上のすべての事物を創造したとするキリスト教の影響が大きかったとされる．現在においてもなお，欧米の一部ではこうした教えが根強く残っている．このような**創造論**に対し，生物はある共通の祖先から，徐々に形を変えながら様々な生物に変化してきたと考える**進化論**が，現在の生物学でほぼ定着した理論となっている．ここで，進化論の変遷について簡単に述べておく．

a. キュヴィエとラマルク 進化論が登場する素地はフランスにあった．フランスの植物学者**ビュフォン**（G. L. L. de Buffon, 1707〜1788）は，種は変化し得ることを説いて進化論の萌芽をつくった．一方，同じくフランスの動物学者**キュヴィエ**（G. L. C. F. D. Cuvier, 1769〜1832）は，比較解剖学と，それを応用した動物分類の秩序化に貢献したが，実証主義的方法を重んじ，進化論に反対

した．一方，ビュフォンに才能を見出され，進化論の先駆者となった**ラマルク**（J.-B. P. A. M. de Lamarck, 1744～1829．図1・12）は，獲得形質の遺伝説を提唱し，生物の器官の変化が，環境条件や習性などによってもたらされ，これが子孫へと受け継がれることを説いた．しかし，これも実証主義を重んじるキュヴィエらによって徹底的に非難され，ラマルクは失意のうちに世を去った．

図1・12　ラマルク

b. ダーウィンの登場　生物の進化という現象を世界で初めて実証主義的に捉え，いわば科学的方法に基づいてその体系化を試みたのは，イギリスの**ダーウィン**（C. Darwin, 1809～1882．図1・13左）であろう．よく知られているように，ダーウィンが生物の進化について思いをめぐらすきっかけとなったのは，1831年から1836年にかけて行われた海軍測量船ビーグル号による探検航海であった．ガラパゴス諸島など南半球の島々の豊かな動植物を観察するうちに，彼は進化に関する確固たる信念をもつにいたり，帰国後『**種の起源**』（1859）を発表する．この本の出版に関してはその前年，マレー諸島を探検していた同じイギリス人の**ウォレス**（A. R. Wallace, 1823～1913．図1・13右）から，ダーウィンが考えていたこととほぼ同じ内容の論文が届いたことから，ダーウィンが『種の起源』の発表を急いだと言われている．

図1・13　ダーウィンとウォレス

c. 自然選択説　ダーウィンやウォレスが考えた進化論は，**自然選択説**（**自然淘汰説**）とよばれるものである．これは，多くの子孫を生み出す生物において，その多数の個体の中から，より環境に適応した生存に有利な個体が生存競争に勝利し，子孫を残していく，そしてさらにその子孫の中から，また生存に有利な個体が出て，それが生存競争に勝利して子孫を残し，繁栄していく，という理論である．

d. ダーウィンの進化論の普及　ダーウィンの進化論をことさら擁護し，そ

の社会的認知に多大な貢献をしたのが，イギリスの動物学者で，後に王立協会会長も務めた**ハクスリー**（T. H. Huxley, 1825 ～ 1895）である．『種の起源』を発表してしばらくの間は，ダーウィンは様々な非難や誹謗中傷に苦しめられたが，「ダーウィンのブルドック」と自ら称したハクスリーらの活躍もあって，徐々に社会に受け入れられていった．ダーウィンは元来体が病弱で，また議論することをあまり好まなかった．そのダーウィンに代わってハクスリーは進化論の普及に努め，進化論に反対する宗教家や学者との間で激しい論争を行ったとされる．

e. ヘッケルとワイスマン　一方，ドイツの生物学者**ヘッケル**（E. H. Haeckel, 1834 ～ 1919）は，進化論の立場に立って，形態学を進化論で基礎づけ，体系化することに尽力し，生物の個体発生と系統発生の関係を，生物発生の原則として位置づけた．同じくドイツの生物学者**ワイスマン**（A. Weismann, 1834 ～ 1914）は，ラマルクが唱えた獲得形質の遺伝を否定し，ダーウィンの自然選択説を拡張して，**ネオ・ダーウィニズム**（新ダーウィン説）の流れをつくった．

f. 進化の総合学説　現在の進化論において主流を成す考え方は，ネオ・ダーウィニズムの流れを汲み，**ド・フリース**（H. de Vries, 1848 ～ 1935）らの突然変異説やメンデルの遺伝学を結びつけた**進化の総合学説**である．総合学説は，ダーウィン以来の自然選択の原理と，遺伝と遺伝子に関する原理をそれぞれ柱として，生物進化の諸現象を総合的に結び付けたものである．

g. DNAと分子進化　さて，分子生物学が発展する以前は，進化学といえば個体の形態あるいは集団レベルの進化に着目したものが中心であった．20世紀後半のDNAあるいは遺伝子に関する研究の進展によって，進化学はそうした従来の方法から，分子レベルで進化に関連すると思われる遺伝子の比較研究へとその中心が移ってきた．遺伝子が進化するとはすなわち，遺伝子の塩基配列が変化するということである．すべての生物が共通の祖先から進化したという考え方には，様々な根拠がある．そのうち最も単純明快な二つは，すべての生物が「細胞」という共通の構造をもち，遺伝子をDNAとしてもっているということ，そして遺伝子からタンパク質がつくられる過程がすべての生物に共通であるということであろう．

　すべての生物に共通な分子現象をターゲットとして，遺伝子上の塩基配列の

図1·14 ヘモグロビンの分子時計（宮田 1998より改変）
アミノ酸の置換数と生物種の分岐時期には相関性があり，分子進化は一定の
ペースで進行する．分子によってはこの関係が成り立たないものもある．

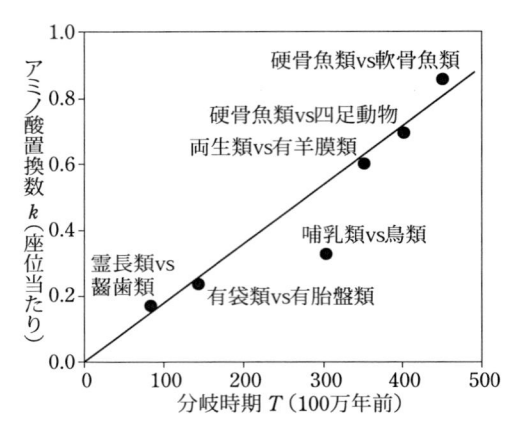

図1·15 木村資生

変化がどのように生物の進化と関わるかを解明し，遺伝子の塩基配列の変化を用いて生物の進化の道筋を探ろうとする学問を**分子進化学**といい，それが対象とする分子レベルの進化を**分子進化**という（図1·14）．

h. 中立説 すべての分子あるいはその遺伝子における塩基配列は，常に一定の割合で変異を起こしていくのだろうか．じつはそうではなく，分子の種類によって変異が起きにくいものと起きやすいものがあったり，また同一の分子内であっても，場所によって変異が起きやすかったり起きにくかったりすることがわかってきた．**木村資生**（1924〜1994．図1·15）は，その変異が不利になるような分子の変異が起こった場合，その子孫が集団内に広まることはなく，むしろ有利でも不利でもない変異の方が，その集団内に広まりやすいという分子進化の**中立説**を提唱した．つまり，機能的な重要性が低い分子，あるいはその一部に，中立的な変異は起きやすく，こうした中立的な変異では自然選択が起こらない．自然選択が起こらないということにより，こうした中立的な部分をターゲットとすることで，経過時間と分子進化を定量的に解析することができるようになり，分子進化の研究は大きく進歩した．

i. 今後の進化学のゆくえ ここに挙げた以外にも，20世紀以降，様々な進化論が林立したが，今後の**進化学**は，進化の総合学説と中立説をいかに総合し，

発展させていくか，もしくは形態や集団レベルの進化と分子レベルの進化をいかに合目的的に統合し，矛盾の少ない理論を打ち立てていくかにかかっていると言えよう．

（5）生物進化の道筋

それでは，現在考えられている生物進化の道筋はどのようなものであったのだろうか．単細胞生物から多細胞生物が生まれるまでについては **6・1** 節で述べることとし，ここでは多細胞生物がどのような進化を辿ったかにつき，簡単に述べることにする．

a. 地質年代　生物の進化を考える上で，地球の歴史を数千万年から数億年の単位で複数に区切った概念がよく用いられる．これを**地質年代**（地質時代）といい，地球誕生後，最古の岩石あるいは地層が形成されてから現在までの期間のことを指す．大きな区切りの順に 代，紀，世，期 があり，現代は新生代第四紀完新世にあたる（図1・16）．

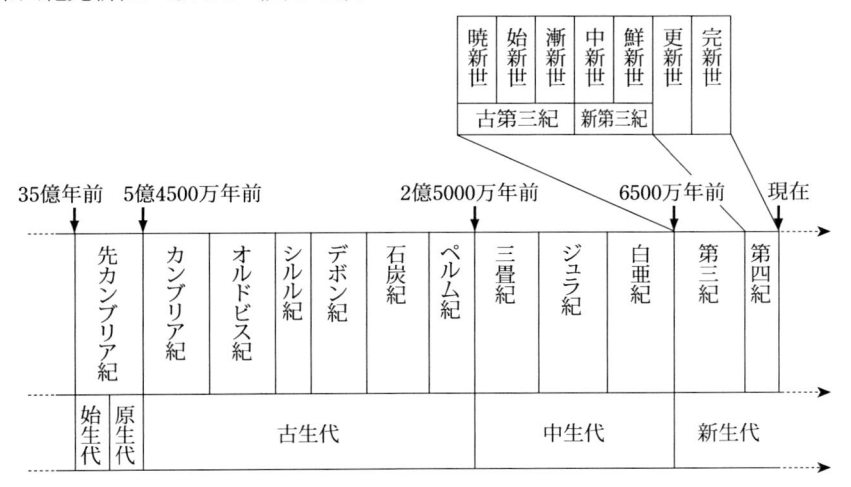

図1・16　地質年代

b. カンブリア紀の大爆発　カナディアンロッキーのワプタ山に発達したバージェス頁岩から，1909年，生物進化を紐解く上で画期的な化石群が発見された．化石は古生代初期にあたるカンブリア紀のものであった．それまで，

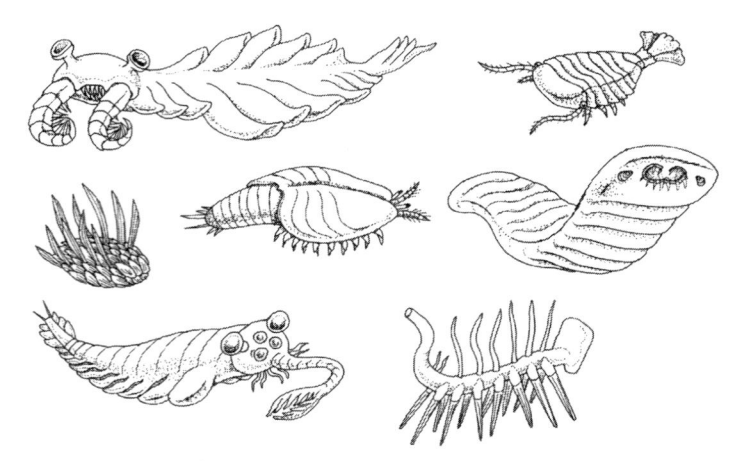

図1・17　バージェス頁岩から見つかったカンブリア紀の生物の復元図

この頃の生物の世界はそれほど多様性に富むものであったとは考えられていなかったが，その後の研究によって，バージェス頁岩から発見されたそれには，驚くほど多様性に富む生物の世界が閉じ込められていることがわかった（図1・17）．すなわち生物は，カンブリア紀において，現在に見られるほとんどすべての生物の形態に匹敵する様々な様式へと劇的に進化を遂げたことがわかった．この現象は**カンブリア紀の大爆発**と言われ，この爆発的な進化がその後の生物進化の礎（いしずえ）となったと考えられている．

　c. 海から陸へ　カンブリア紀に登場した生物は，しかしながらまだ海の中でしか生息することができなかった．なぜならば，海中と陸上ではその環境条件がまったく異なっていたからである．生物たちが海から陸へと上がっていくためには，陸上の環境が生物の生息に適したものになっていなくてはならず，かつまた生物自身が，その体を陸上生活に適したものにつくり変えなければならなかった．藻類などによる光合成の結果，大気中への酸素の蓄積が進み，地球の周囲を覆うようにオゾン層が形成された．**オゾン層の形成**は，太陽光に含まれる有害な紫外線の進入を防ぎ，生物の陸上進出を助けた．

　d. 植物の上陸　陸上では，海の中とは異なり，体の周囲に豊富にあった水がない．したがって，生物が陸に上がるためには，体の水分が失われないようにするための何らかの仕組みが必要であった．それをまず実現したのが植物で

図1・18 陸上に繁茂する植物（写真提供:山岸 哲）

ある．植物の細胞は，すでにその周囲が固い細胞壁に守られていたが，上陸にあたり，さらにその外側を**クチクラ層**という固い物質層で覆うことにより，細胞を乾燥から防ぐことに成功した．さらに植物は，物質循環をスムーズに行うための**維管束系**を発達させ，体を大きく地面の上に立ち上がらせることに成功し，陸上での大型化を可能にした（図1・18）．

さらに，植物の上陸は，それを餌とする動物の上陸の基盤ともなった．

e. 動物の上陸 〜節足動物〜　陸上には様々な動物たちが上陸を果たしたが，そのうち最も陸上の環境に適応したのが**節足動物**である．節足動物は，**外骨格**とよばれる固い殻を身につけた．節足動物の外骨格はクチクラより成る．この固い鎧を身にまとうことで乾燥から身を守り，さらに敵からも身を守る術を身につけた．さらに節足動物は，**分節構造**という独特の体の構造をつくり上げることで（図1・19），海中でも陸上でも，多様な環境に適応することに成功した．外骨格には，体の大きさが制限されるというデメリットはあるが，しかしそれは逆に，飛翔能力の向上と，種の多様性をもたらすというメリットにもつながった．

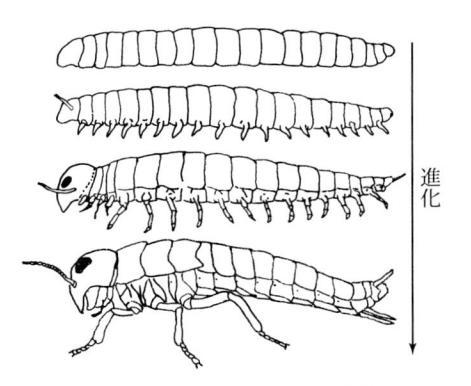

図1・19 節足動物の体の構造の進化（佐藤他 2004に掲載のR. E. Snodgrassを参考に作図）

f. 動物の上陸 〜脊椎動物〜　節足動物とともに，陸上条件にきわめて適応した生物のグループが，私たち人間が属する**脊椎動物**である．脊椎動物は，節足動物の外骨格のような，固いかわりにサイズが制限されるものにかわり，皮膚の表面を**ケラチン**というタンパク質で覆い，乾燥から身を守ることを選択し

図1・20 動物の上陸

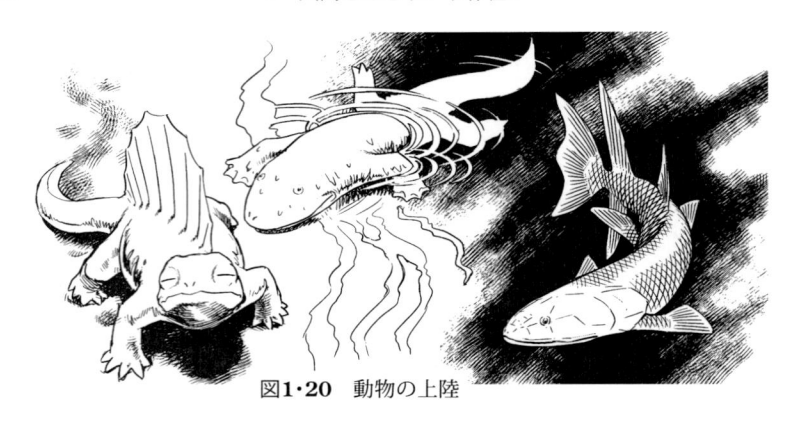

た．そして，結合組織の一部を炭酸カルシウムなどを結晶化させた固い骨（昆虫の外骨格と対応させ，**内骨格**という）を発達させ，体を支える仕組みをつくり出した．この結果，節足動物ほどの適応性はないが，体のサイズを大きくして食物連鎖の頂点に立つ"強い"生物の誕生を可能にした．中生代に繁栄を誇った恐竜はその代表である．

g. 爬虫類の繁栄と衰退　脊椎動物において最初に陸上に上がったのは**両生類**のグループであるが，彼らは繁殖のための水中生活を欠くことができなかった（図1・20中）．その次に現れた脊椎動物のグループである**爬虫類**（はちゅう）は，体の表面を固い皮膚で覆い，さらに繁殖のために水中に戻る必要をなくす画期的な方法として，卵を胚膜（はいまく）と硬い殻（から）で覆って水分の消失を防ぐ仕組みをつくり出した．その結果爬虫類は，一生を通じて陸上で生活できるようになり，陸上環境にすっかり適応し，**恐竜**に代表されるようにその体も巨大化した．爬虫類は**適応放散**によって種数を爆発的に増加させ，陸上のみならず海中，空中にわたって食物連鎖の頂点に立って繁栄したが，白亜紀の終わり頃，恐竜の**大量絶滅**によって衰退した．

h. 飛翔能力の進化　陸上生活に適応した生物の一部は，高い飛翔能力を身につけることに成功した．その代表的なものが節足動物の昆虫と，脊椎動物の**飛翔性爬虫類**（翼手類（よくしゅ）），ならびに爬虫類から進化した**鳥類**である．

脊椎動物が飛翔という特殊な技能を身につけるためには，大きな難問を解決する必要があった．それは，重力に打ち勝つだけの強い力をいかにして生み出

すかということであった．飛翔性脊椎動物は，前肢を変形させて翼とし，これを上下に動かして浮力をつけるための強力な筋肉を発達させた．そのかわり，持続的な飛翔のためには体格を軽いまま維持する必要があり，そのため脳はそれほど発達することはなかった（図1・21）．

i. 哺乳類の繁栄 恐竜に代表される爬虫類が大量絶滅した後，そのニッチ（**生態的地位**）を埋めるように進化してきたのが私たち**哺乳類**である．哺乳類は，哺乳類様爬虫類から進化したとされ，鳥類が現れるより前，三畳紀にはすでにその姿を現していた．白亜紀の中ごろから，哺乳類は**適応放散**によってその種数を増大させてきた．もっとも最近の研究では，恐竜の絶滅と哺乳類の爆発的な種数の増大は関係がなく，恐竜の絶滅以前からすでに，哺乳類の爆発的な進化は起こっていたと考えられるようになっている．

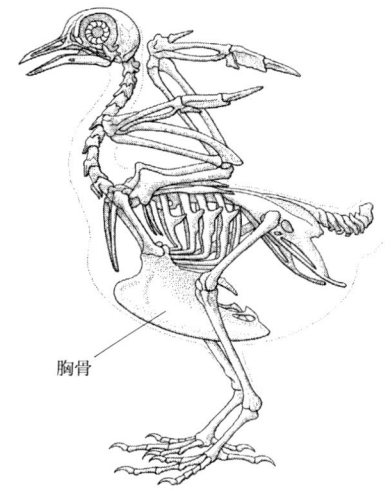

図1・21 鳥類の体の構造
ドバトの全身骨格で，強大な翼筋の付着部となる胸骨が大きく発達している．（Grassé 1950を参考に川島逸郎作図）

コラム　ラフレシアの謎

　　　2007年1月，科学誌 "*Science*"（サイエンス）に，ボルネオなどの熱帯雨林に生息する巨大花ラフレシア（*Rafflesia arnoldi*）が，DNA解析の結果，ポインセチアの仲間であることがわかったとする報告がなされた．ラフレシアは，体のほとんどが花しかないという，きわめて特異な植物であり，かつなぜそのように進化してきたのか，まったくの謎のヴェールに包まれている（図1・22）．光合成をしないため，ほかの植物に寄生してのみ生きられるという特徴も，研究者やアマチュア研究家を惹きつける魅力なのだろう．全寄生であり，ラフレシアの本体（栄養体）は，宿主の組織内にわずかに存在する細胞列，すなわちきわめて細長い糸のように見える．その割には，直径1mにもなる巨

次ページへ

大な花を咲かせるのだから，人々の興味を惹きつけるのは無理もない．だからこそ世界最大の花が，世界最小の部類に入る花の仲間だった，という報告が人々の耳目を引いたのであろう．DNA解析は，分子進化の考え方からすれば，非常に真っ当な分子系統関係の樹立に役立つ手法である．その結果，「なぜ花が巨大化したか」という難問は手付かずのまま残ったにせよ，少なくともこの大きな孤独者に仲間を見つけてやることには成功したのであった．なお，図1·22の写真は *Rafflesia pricei* で，この種の花は直径30cm程度である．

図1·22 ラフレシア（*Rafflesia pricei*）の巨大な花（写真撮影・提供：マレーシア・サバ州政府観光局 原田理枝）

1·3 人間とは何か，生物の世界で人間はどういう存在か

これまで生物とは何か，生物にはどのような分類があり，どのような仲間がいるのか，そしてそれら生物がどのように進化してきたか，そのあらましについて学んできた．本節では，こうした生物たちの一種である私たち人間，*Homo sapiens*（ヒト）が，生物学的には果たしてどのような生物であるのか，そしてどのように進化してきたのかについて学ぶ．

(1) 生物学的なヒト

前述したように，私たち人間（ヒト）の生物学的な位置づけは，動物界・脊索動物門・（脊椎動物亜門）・哺乳上綱・真獣亜綱・霊長目・ヒト上科・ヒト科・ホモ属・サピエンス種である．

a. 現生人類の"亜種" 現在，地球上に棲息するヒト（**現生人類**）は，生物学的にはすべて同一種であると位置づけられている．人間社会には**人種**とよばれる分類が存在しているが，これはおそらく，他の生物でいう亜種に相当する分類であるといえる．現在，人種には**コーカソイド**（ヨーロッパ人種），**ニグロイド**（アフリカ人種），そして**モンゴロイド**（アジア人種）が三大人種と

1・3 人間とは何か，生物の世界で人間はどういう存在か

して存在している．イギリス人と日本人，あるいはケニア人とモンゴル人が結婚して子どもをつくることができるように，お互いに生殖を行い，子孫を残すことができ，共通した形質をもつ個体群を種というならば，コーカソイドもモンゴロイドもニグロイドも，どれも同一種に含まれる．

b. 人間の特徴　人間は，体毛をもつこと，胎盤（たいばん）を通して母親の体内で発生すること，母親の乳腺（にゅうせん）でつくられる乳によって育てられることなど，哺乳類（有胎盤類）の特徴的な性質を有している．その一方で，人種の存在や，人種の中でも様々な外見上の特徴があるなど，種内多様性が著しいという他の哺乳類にはない特徴がある．また，常に直立二足歩行を行い，大脳が他種に比べて著しく発達しているのも大きな特徴である．

(2) 人間の発祥

化石人類学や分子進化学，系統進化学などの学問が発展し，哺乳類の中から私たち人間がどのように誕生し，進化してきたか，その道筋が徐々に明らかとなってきた．人間はサルから進化したという「驚くべき仮説」は，19世紀のダーウィンが生きた時代にはまさに「驚くべき」もので，様々な反発が巻き起こったが，現在ではこの"事実"はすでに多くの人々によって認められている．

a. 霊長目の進化　およそ1億年前に，絶滅した恐竜の**ニッチ**を埋めるように，私たちの祖である**哺乳類**（とりわけ**有胎盤類**）が爆発的に**適応放散**しはじめた．そのうち，中生代が終わったおよそ6500万年前以降になると，現在の食虫目の祖先にあたる生物たちから進化した，主に樹上で果物を主食とする**霊長類**（霊長目）が出現するようになった（図1・23）．彼らは樹上で生活するうちに手（前肢（ぜんし））が発達し，立体視をうまく行える精巧な目が進化し，これらの機能を統合する**大脳**が発達した．

b. アウストラロピテクスの誕生　およそ1000万年前，アフリカ大陸において大地殻変動が始まり，それまで私たちの祖先が棲息していた森林が乾燥化し，ステップ型草原へと移り変わっていった．それに伴い，樹上生活をしていた私たちの祖先の一部はその生活圏を森林から草原へと移行させるようになった．こうした生活環境の変化が，**直立二足歩行**への移行を促したとされている．こうして霊長類の中から，直立二足歩行を主とする私たちヒト属の祖，**アウスト**

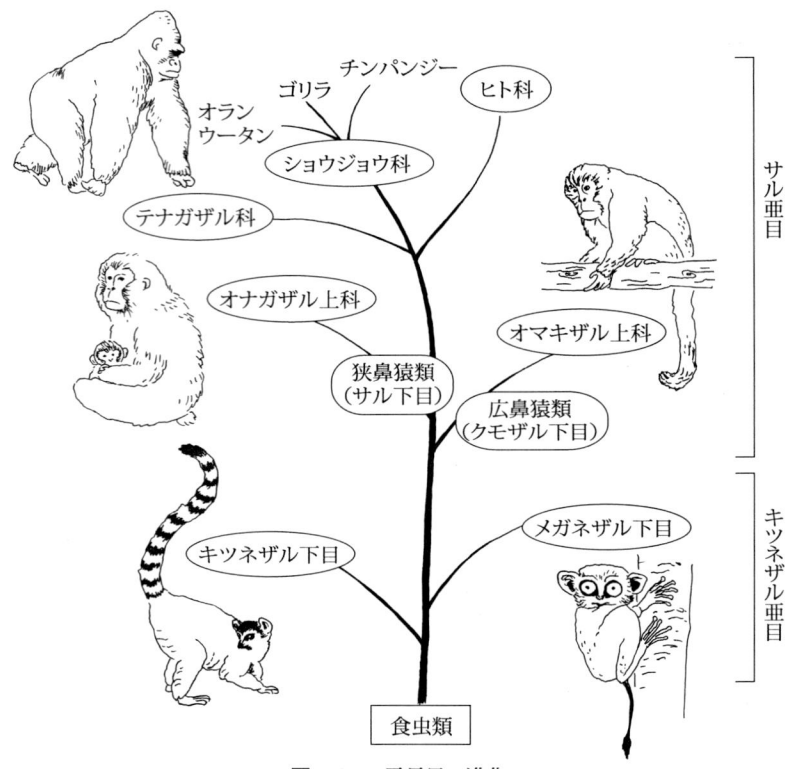

図1・23　霊長目の進化

ラロピテクスが誕生した．

(3) 人間の進化

a. 直立二足歩行がもたらしたもの

　直立二足歩行は，手の機能の多様化をもたらした．それまでの樹上生活では，手はまだ「前肢」であり，樹の枝から枝へと移動するための手段として主に使われていた．ところが，直立二足歩行をすることによって手が移動手段から解き放たれたことにより，それ以外の様々な作業を行うため

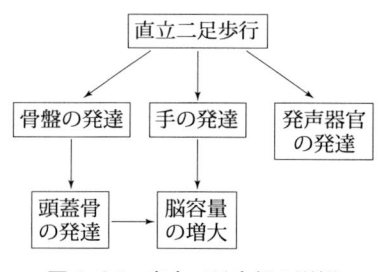

図1・24　直立二足歩行の影響

の道具となり，手先を使う細かい作業を行うことができるようになった．

　直立二足歩行は，他にもいくつかの変化をもたらすきっかけとなった．まず，四足動物では不可能だった，頭部を骨盤と背骨全体でがっしりと支えることができるようになり，その結果，頭部すなわち脳容量のさらなる増加が可能となった．そして，頭が体の上に上がったことにより咽頭が下へさがり，発声器官が発達して複雑な音声を発することができるようになった（図1・24）．

b. アファール猿人　アウストラロピテクスは**猿人**とよばれ，頭部はまだ現在のチンパンジーと同じ程度の大きさと形を呈していたとされる．1973年，エチオピア北部アファール地方で発見されたアウストラロピテクスの若い女性の化石からは，チンパンジーに比べて大きく発達した骨盤の存在が明らかとなった．このことは，彼女が明らかに直立二足歩行をしていたことを物語っており，**アファール猿人**と命名された．現在の私たちヒト属は，このアファール猿人，あるいはアフリカヌス猿人から進化したと考えられている．

c. ホモ・ハビリスとホモ・エレクトゥス　ヒト属最初の化石は，東アフリカのオルドバイ渓谷で発見された**ホモ・ハビリス**（ハビリス原人）である．これ以降は猿人ではなく**原人**とよばれる．およそ250万年ほど前に現れたと考えられている．ホモ・ハビリスは石器をつくり，それを使って狩猟を行っていた

図1・25　ホモ・ハビリスの狩猟

らしい（図1・25）．そして，私たち現生人類の直接の祖先といわれる**ホモ・エレクトゥス**は，およそ160万年ほど前に現れた．北京原人やジャワ原人は，ホモ・エレクトゥスに含まれる原人たちで，彼らは**火**を使っていたと考えられている．火を使うことによって食べることのできる食物の種類が広がり，それに伴って生活に多様性が生じることになった．その結果，ホモ・エレクトゥスは初めてアフリカ大陸を出て，世界中に人間を拡散させるきっかけとなった大移動を始めることができたとされる．

　d．ネアンデルタール人　およそ25万年ほど前に，現生人類と同じ種に属する古代型のホモ・サピエンスが現れた（図1・26）．そして，この古代型ホモ・サピエンスの中から，約10万年前の氷河期の出現にあわせるかのように，寒冷地にも広く適応したグループが現れるようになった．これが**ネアンデルタール人**（旧人，**ホモ・ネアンデルターレンシス** *Homo neanderthalensis*）である．ネアンデルタール人の最初の化石化した骨は，1856年，ドイツ東部のネアン

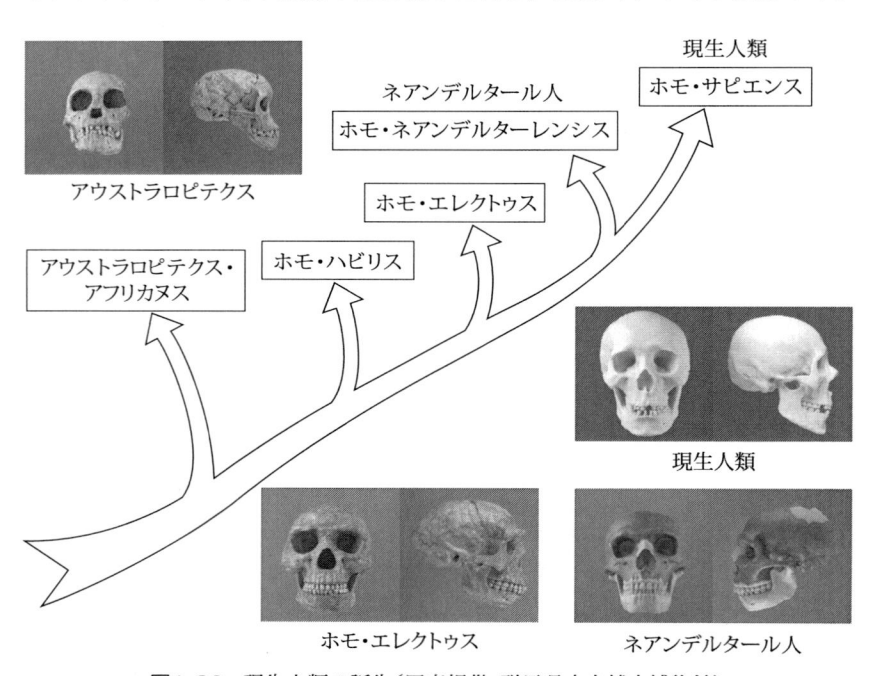

図1・26　現生人類の誕生（写真提供：群馬県立自然史博物館）

デルタール渓谷で発見された．彼らは現生人類に比べて脳容量も大きく，また体格も大柄であったと考えられている．ネアンデルタール人は精巧な石器を用い，また死者を埋葬(まいそう)する習慣をすでにもっていたらしい．

e. 現生人類の登場　やがて氷河期が終わると，ネアンデルタール人は徐々に衰退し，3万年ほど前に絶滅した．この絶滅したネアンデルタール人にかわって，**クロマニヨン人**が現れた．このクロマニヨン人こそ，私たち人間（ヒト）すなわち現生人類の最も近い祖先である．

1·4　人間の骨格，筋肉，循環

ここで現生人類，すなわち私たち人間の身体的な特徴について述べるが，人間最大の特徴である脳神経と，消化吸収を担う消化器官に関しては，2·5節と3·3節に譲るとして，ここでは，人間の体をつくっている骨と筋肉を中心とした「からだの成り立ち」について学び，次章へと話をつなげたい．

(1) 骨　格

a. 骨組織　動物の体を構成する組織は，**上皮組織，結合組織，筋組織**，そして**神経組織**の四つに大別される．私たちの**骨格系**をつくり上げている**骨組織**は，この四つのうち，細胞や組織をお互いにつなぎ合わせたり，これらを支持したりする結合組織に分類される．

骨組織は，他の結合組織と同様に，細胞が密に存在しているのではなく，細胞と細胞の間が広く，その間が**細胞外基質**によって埋められている．骨組織の細胞外基質の50％は結晶化したミネラル塩（リン酸カルシウムならびに炭酸カルシウム）であり，25％が水，残りの25％が膠原繊維(こうげんせんい)である．

b. 骨細胞　骨組織にはいくつかの特殊な細胞が分布している．骨組織に存在する細胞には，骨原性細胞，**骨芽細胞，骨細胞，破骨細胞**の4種類がある．骨原性細胞は骨芽細胞へと分化する前の未分化細胞であり，骨芽細胞は骨をつくる．骨をつくった骨芽細胞は骨細胞となって骨組織を維持し，破骨細胞は骨組織を破壊し，骨代謝のバランスを保っている．

c. 骨格系　人間の成人の骨格は，206個の骨からできており，**軸骨格**と付(ふ)

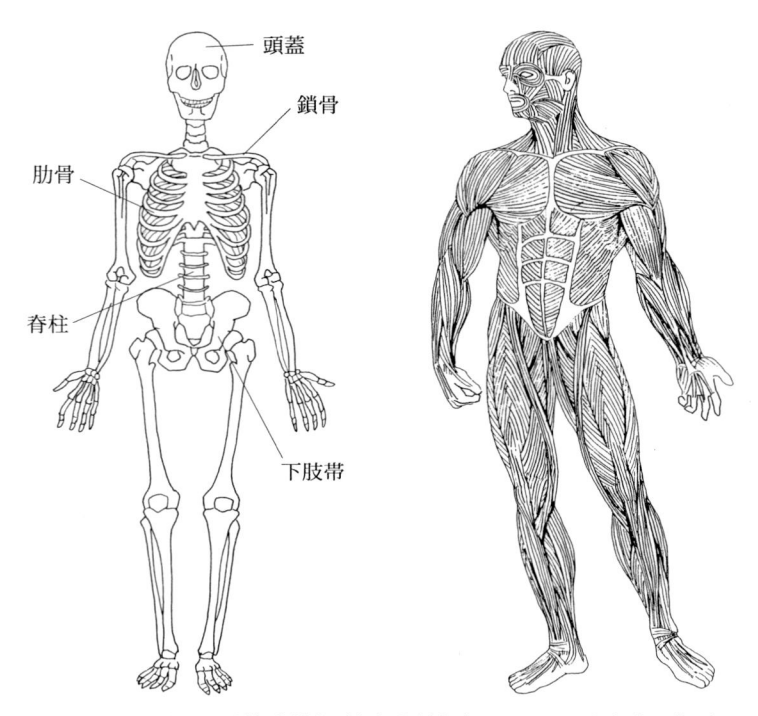

図1・27 人間の骨格系（左）と筋肉系（右）（トートラ2006を参考に作図）

属肢骨格に大別される．軸骨格とは，頭から尻までの胴体を支える軸となる骨格であり，頭蓋，脊柱，胸骨，肋骨などがこれに含まれる．一方，付属肢骨格とは，2本の足と2本の手を支える骨格であり，鎖骨，肩甲骨，腕と手の骨，骨盤のうち下肢帯，そして足の骨などがこれに含まれる（図1・27左）．

d. 人間の骨格系の特徴　人間の骨格が他の四肢動物，あるいはチンパンジーなどと異なる最も顕著な特徴は，すらりとS字型にカーブして垂直に立ち上がった脊柱と，大型化した頭蓋，そしてまるで腹部臓器を下から支える受け皿のように大きく広がった骨盤にあると言える．これは，人間が直立二足歩行を常に行うようになった結果として生じた変化であると考えられる．

(2) 筋　肉

a. 筋組織　筋組織は，四つに大別される動物の組織（上皮，結合，筋，神経）のうちの一つである．筋組織は，収縮性をもった**筋肉細胞（筋繊維）**からできている．いわゆる「力こぶ」のように，骨格と骨格を結びつけるように存在し，個体の運動に関与する筋組織を**骨格筋**という．私たちが日ごろ食用に供する鶏肉や牛肉のほとんどは骨格筋である．また，内臓のうち消化器官も筋組織によって支持されており，骨格筋とは違って私たちの意志とは関係なく，消化器官の蠕動運動などを起こしている．このような，内臓の動きを司り**不随意運動**を起こす筋肉を**内臓筋**という．心臓は，内臓筋の中でも特殊な**心筋**とよばれる組織からできており，心筋細胞が規則的に収縮することにより，心臓の拍動が起こる．また，その形態的な特徴によって，骨格筋と心筋は**横紋筋**，内臓筋は**平滑筋**とよばれる種類に属する．

b. 骨格筋の構造　筋肉細胞の細胞質には，**筋原繊維**とよばれるタンパク質でできた伸縮性の細い繊維が充満している．骨格筋や心筋を「横紋」筋とよぶ理由は，これらの筋肉を構成する筋原繊維が，光学的に異なる性質をもつ**暗帯**と**明帯**とに分けられるためであり，そのため巨視的には横紋となって見えるのである．筋原繊維は，アクチンとミオシンという細長いタンパク質の重合体（**アクチンフィラメント**と**ミオシンフィラメント**）が，お互いにスライドするように交互に存在しており，その基本単位を**サルコメア**という．サルコメアとサルコメアの間は，**Z膜**とよばれる膜によって仕切ら

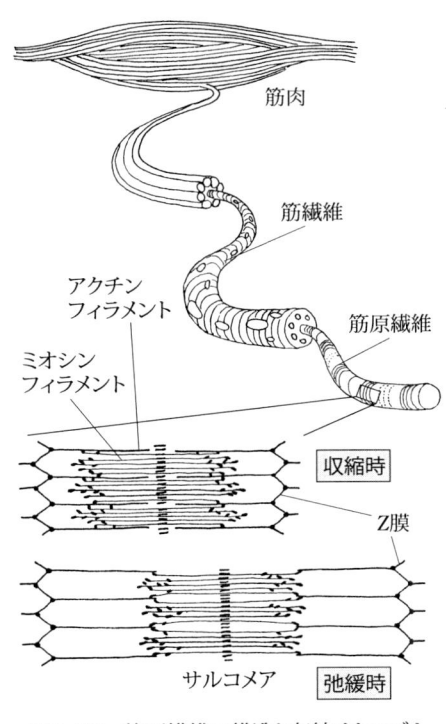

図**1・28**　筋原繊維の構造と収縮メカニズム

れている（図1・28）．

c. 筋収縮のメカニズム　筋組織は，**収縮**と**弛緩**を繰り返す組織である．収縮の信号は，中枢神経から伝達される刺激であり，それによってアクチンフィラメントとミオシンフィラメントの滑りが起こる．滑りが起こることによって両フィラメントがお互いにずれる．両フィラメントは，ミオシン分子の頭部がアクチンフィラメントの特定の部位に結合した状態で結びついている．したがって微視的には，あたかもミオシンフィラメントがアクチンフィラメントをぐっと引き寄せ，Z膜により近づこうとしている様子が見える．こうして筋肉の収縮が起こる（図1・28）．

(3) 循環と血液

a. 循環系　循環系とは，血液またはリンパ液により，摂取した栄養分や体内での代謝産物などを体の各組織，各器官へと流通させる管系のことである．無脊椎動物では血管系がその役割を担い，私たち脊椎動物では**血管系**と**リンパ系**がこれを担う．

b. 血管系　動物の血管系は，開放血管系と閉鎖血管系に大別される（図1・29）．**開放血管系**は，主に昆虫などの節足動物に見られるもので，血管が各組織において"開いて"いるため，血液は血管から各組織の間に存在する不規則な空間を流れ，その後ふたたび血管に入って心臓へと戻る．一方，**閉鎖血管系**は，私たち脊椎動物に典型的に見られるもので，血管はどの臓器においても"開いて"おらず，血液は常に血管の中を通り，組織の空隙に染み出ていくことはない．

c. 人間の血管系　血管は，主に**動脈**，細動脈，**毛細血管**，細静脈，そして**静脈**

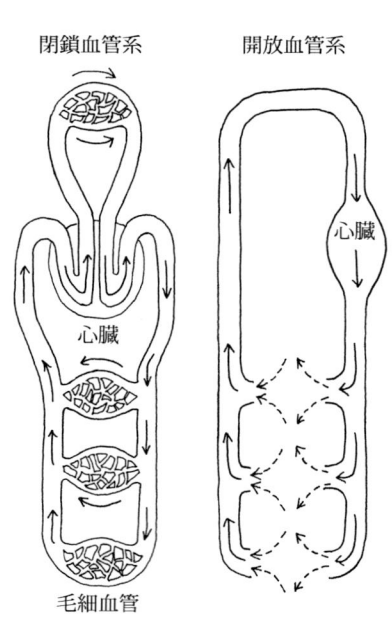

図1・29　開放血管系と閉鎖血管系
開放血管系では，血液は動脈から各組織中へと染み出し，静脈へと戻る．

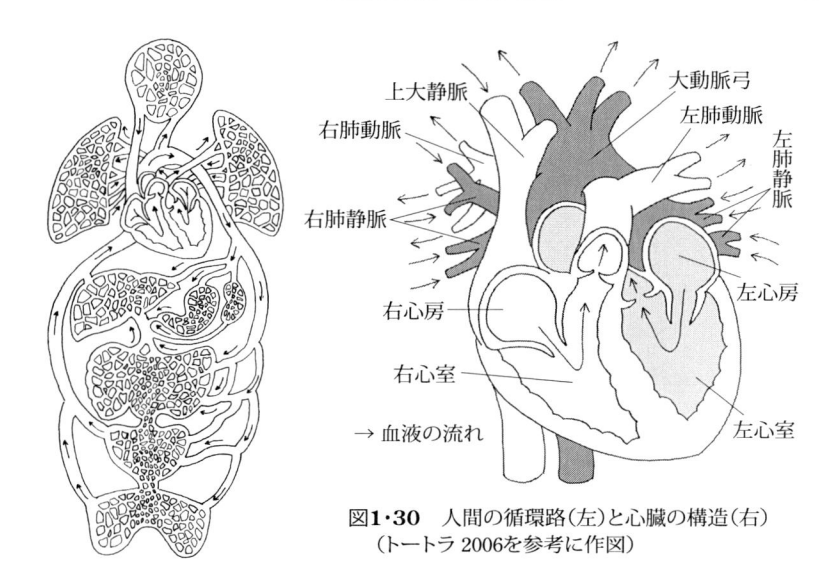

図1・30 人間の循環路(左)と心臓の構造(右)
(トートラ2006を参考に作図)

の5種類に分けられる．動脈は，心臓から押し出された血液が各組織へと送られる際に通る，太く弾力性に富む血管であり，やがて体の各領域へ枝分かれして細動脈とよばれる細い血管になる．細動脈は各組織に入るとさらに細く，赤血球がようやく1個通れるくらいの管，毛細血管へと分枝していく．毛細血管の壁は非常に薄く，ほぼ1層の内皮細胞と基底膜のみであるため，血液と組織との間での物質交換が可能である．毛細血管はふたたび集まって細静脈となり，さらにこれらが集まって太い静脈となり，血液をふたたび心臓へと戻す．図1・30左に示したのは，私たち人間の血管系（**循環路**）である．

d．心臓 生物の進化を辿っていくと，私たちのもつ**心臓**の祖先は，血管の一部がやや太くなり，リズミカルに拍動して血液に流れをつくり出すといった簡単な構造に過ぎなかった．それが様々な進化の過程を経て，「ポンプ」の仕様も複雑化し，現在の心臓が誕生した．

　人間の心臓は，四つの"部屋"からできている．上部に存在する二つの"部屋"を**心房**，下部に存在する二つの大きな"部屋"を**心室**といい，それぞれ**左心房**と**右心房**，**左心室**と**右心室**より成る（図1・30右）．血液は，左心室から勢いよく大動脈へと押し出され，各組織を経由した後，大静脈から右心房へと流れて

くる．右心房の血液は，三尖弁(さんせんべん)を通って右心室へと流れ，そこから肺動脈へと押し出される．肺を経由した血液は，肺静脈を通って左心房へと戻り，**二尖弁（僧帽弁）**を通って左心室へと流れ，ふたたび勢いよく大動脈へと押し出される．この血液の流れをつくり出すため，心臓は規則的に**拍動**する．

　心臓の拍動は，**心筋**とよばれる筋肉が発達した心筋細胞の，規則正しい律動的な運動によってもたらされる．心筋細胞が無数に集まって心臓を形成すると，心臓全体が協調性をもって拍動しなければならないため，心筋細胞を同調させる必要がある．その役割を担うのが**洞房結節**(どうぼう)とよばれる特殊な部分であり，上大静脈と右心房の境目あたりに存在している．この部分が最初に興奮し，それがおよそ 0.22 秒かかって心臓全体へと伝わることが，心臓全体が 1 個のポンプとなった，統一的な拍動を可能にしている．

コラム　骨を壊す巨大なモンスター

　私たちの体の中には，思わぬ不思議な格好をした細胞がいるものである．ここで紹介する細胞もそうしたものの一つであり，その名を破骨細胞という．その形態が奮っている．私たちの細胞は，通常，その中に核は一つしかない．せいぜいあって 2 個（培養された肝細胞など）である．ところが破骨細胞は一体何を思ったか，その巨大な体の中に核を無数にもっているという，きわめて貪欲な細胞なのである（図 1・31）．もちろん細胞のサイズは有限だから，無数と言ってもたかが知れているけれども，それでも驚くには十分なほどの数の核を，この破骨細胞はもっている．この細胞，血液中に存在する単核球とよばれる細胞が，たくさん合体してできると考えられている．骨は頑固(がんこ)な塊(かたまり)といったイメージがあるが，実際には骨芽細胞によってどんどんつくられ，破骨細胞によってどんどん壊されていく，新陳代謝が盛んな組織なのである．破骨細胞は，餌食(えじき)となる骨にとりついた部分が，まるでアコーディオンカーテンか何かのように波打っている．この突起のような部分から，酸や酵素を分

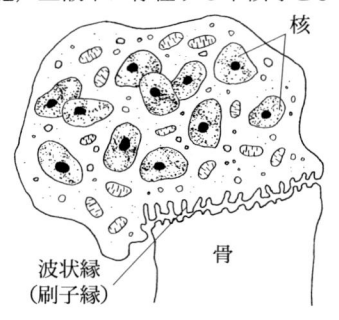

図 1・31　破骨細胞

次ページへ

泌し，骨に含まれるカルシウムやリンといったミネラルを溶解させ，血液中に送り出している．骨は，私たちの体を支える骨格であるが，それと同時にこうしたミネラルの貯蔵庫でもある．体がカルシウムなどを必要としたときには，破骨細胞が骨を溶かし，カルシウムを供給してくれる．あえてたくさんの細胞が合体し，核をたくさんもたなければならない理由はさておき，なかなか頼りがいのあるモンスターではないか．

練習問題

1) 生物が無生物とは異なる性質とは何か，物質代謝と食物連鎖の観点から述べよ．
2) 細胞とは何かにつき，身近な例を挙げて説明せよ．（例：レンガなど）
3) コアセルベートについて説明せよ．
4) 私たち人間の属する「門」と「目」は何か．また人間の学名は何か．
5) 生物を大きく五つの界に分類した場合，それぞれに含まれる代表的な生物を1種ずつ挙げよ．
6) ラマルクの「獲得形質の遺伝」とはどのような説か．
7) ダーウィンの「自然選択説」とはどのような説か．
8) 最初に火を用いたとされる原人は誰か．
9) 動物の組織は大きく四つに分けられる．その名称を述べよ．
10) 人間の骨格が他の生物と大きく異なる点を，人間の進化と絡めて説明せよ．

2 人間はどのように生まれてくるのか

【本章を学ぶ目的】
　人間が，受精卵というたった1個の細胞からどのようにして発生し，この世に生まれてくるのかを知ることで，一人一人の人間が生きている不思議さと尊さを再認識する．

2·1　発生の研究史

　人間は，大きな産声(うぶごえ)を上げて母親の胎内(たいない)から生まれる瞬間を，「新しい生命の誕生」という言葉を用いて感動的に表現する．それは，現在のように生物学，医学が進んでいなかった有史以前の人類社会，そして一昔前の時代においても同様であったに違いない．この不思議な「新しい生命の誕生」について，果たして人間はどのように考え，思いめぐらしながらその瞬間を見つめていたのだろうか．

(1) 自然発生説とその否定

a. 自然発生説　食べ物を放置しておくとやがてカビが生え，細菌が繁殖する．動物の死体からはやがてウジが発生し，死骸(しがい)を喰(く)い尽す．顕微鏡がまだなかった時代，そして生物がどのように生まれてくるかがまだほとんど明らかになっていなかった時代には，こうした微細な生物たちは，何もないところから**自然発生**するものだと考えられていた．

b. 生物の自然発生説の否定　17世紀以降，イタリアのレディ（F. Redi, 1626～1697）や**スパランツァーニ**（L. Spallanzani, 1729～1799）など一部の科学者が微生物の自然発生に疑問をもちはじめるようになり，生物の自然発生説を実験で否定することを試みはじめた．19世紀になって，フランスの**パストゥール**

(L. Pasteur, 1822〜1895, 図2・1a) が, 白鳥の首のように入り口を曲げたフラスコを用いた実験によって, 微生物の自然発生説を明快に否定した (図2・1b). これ以降, すべての生物は生物から発生するということが生物界の大原則となった.

(2) すべての動物は卵から

a. 個体発生　個体発生に関する研究は, 比較解剖学が発展しはじめた16世紀から17世紀にかけて広く行われはじめるようになる. 静脈弁の発見者として名高い**ファブリキウス** (H. Fabricius, 1537〜1619) は,『卵およびニワトリの形態形成』(1621, 遺作)でニワトリの発生について初めて図入りで論じた. 彼の図は, 発生のかなり初期の段階から孵化した雛とほぼ同じ形をした胚が描かれており, その意味では誤りであったが, 顕微鏡がまだなかった当時としては致し方のないことであった.

ファブリキウスの弟子である**ハーヴィ** (W. Harvey, 1578〜1657) は, 血液循環説の創始者として有名であるが (0・4節参照), その一方で発生学においても前成説 (後述) を否定するなどの重要な足跡を残した. ハーヴィが, その晩年に出版した『動物の発生』(1651)で,「**すべての動物は卵から (Ex ovo omnia)**」という文字が記された寓意的な絵(ヨブがパンドラの箱のような卵を両手で開け, そこから様々な動物たちが生まれ出ている)を挿入していることからも, それは推測されよう (図2・2).

図2・1a　パストゥール

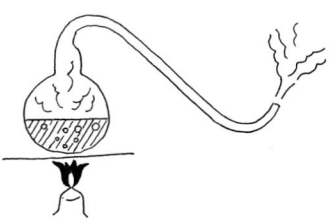

培養液を入れたフラスコの首を白鳥のように曲げ, 沸騰させて微生物を殺す

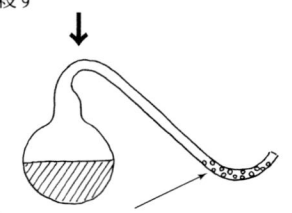

放冷すると"首"の部分に水滴がたまり, 外からの微生物の侵入を防ぐ

培養液中に微生物は自然発生しなかった

図2・1b　"白鳥の首"による実験

2・1 発生の研究史

図2・2 「すべての動物は卵から」(ハーヴィ『動物の発生』より)

　マルピーギ (M. Malpighi, 1628〜1694) は，ハーヴィの後継者として血液循環の研究を行い，毛細血管を発見したことで知られる．一方においてマルピーギは，ファブリキウスの胚発生の仕事を大きく前進させ，ヒヨコの発生と血管との関係，とりわけ心臓の発生に関する詳細かつ正確な記録を残している．

　b. 精子の中に小人がいる　オランダのハルトスーケルという人物が描いたとされる有名な図に，人間の精子を拡大して描いた図がある（図2・3）．興味深いのは，精子の頭の部分に，頭の大きい小さな人間が，膝をかかえてうずくまるようにして納まっている様子が描かれていることであろう．この小さな人のことを俗に**ホムンクルス**と呼ぶことがある．

　この図が示しているのは，人間は生まれる以前，つまりまだ精子や卵子であった頃からすでに，手，足，頭，胴体といったすべての部分，器官ができあがっていて，それが大きくなっていくことによって生まれるのだ，とする考え方であ

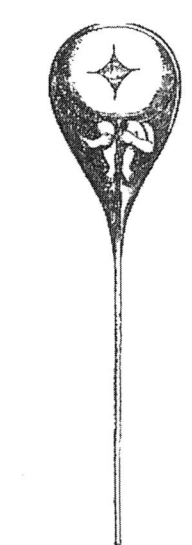

図2・3　精子の中のホムンクルス　ハルトスーケルが描いた図．

る．このような考え方を**前成説**という．前成説は，古代ギリシャ時代から存在し，これを主張する人の中には，その「雛形」が卵子の中にあると主張する卵子論者と，精子の中にあると主張する精子論者がいる．精子を発見した**レーウェンフック**（A. van Leeuwenhoek, 1632～1723）は，精子論者の代表的な人物である．

現在では，この考えは否定され，人間を含めた動植物は生まれる前は1個の細胞に過ぎず，これが徐々に複雑化し，手，足，目，鼻などの諸器官は，その過程で徐々に発生してくることがわかっている．これを**後成説**という．

c. 発生学の確立 前成説が羽振りをきかせるようになったことにより，マルピーギ以降，発生に関する目覚しい発展はなかったが，18世紀中頃になり，ドイツの**ウォルフ**（C. F. Wolff, 1733～1794）が，ヒヨコの発生が見かけは均一な組織から起こることを示し，また植物の諸器官が芽や根の先端の均一な組織から発達したものであることを示した．さらに，ドイツの動物発生学者**フォン・ベーア**（K. E. von Baer, 1792～1876．図2・4左）が，卵管の中にある微小な物体が哺乳類の卵であることを発見し，また胚発生における**胚葉**の重要性を説いて，現在の動物発生学の礎を築いた．フォン・ベーアは胚葉には4種類あるとしたが，後年，ドイツの**レマーク**（R. Remak, 1815～1865．図2・4右）がこれらを三つの胚葉（外胚葉，中胚葉，内胚葉）に区別した．

図2・4　フォン・ベーアとレマーク

> **コラム　日本で最初に「細胞」という言葉を使った学者**
>
> 世界ではじめて「cell」という言葉を，私たちの体を構成するあの小さく細かい小胞に対して用いはじめたのはイギリスのロバート・フックであったが，それでは日本ではじめて，「細胞」という言葉を使ったのは誰か．その答えはおそらく，江戸時代後期の本草学者・**宇田川榕菴**（1798～1846．図2・5）であろう．宇田川の著書『理学入門　植学啓原』は，天保5年（1834）に刊行されたもので，現在でも古書店で見かけることがあるが，この本の中で，
>
> 次ページへ

宇田川が「細胞」という言葉を日本で最初に用いたとされる．宇田川は，医師・江沢養樹の子として寛政10年（1798）に江戸に生まれ，後に宇田川家の養子となった．幼少時より植物に興味を示し，文政5年（1822）に著した『菩多尼訶経』は，経文という異色の形式によって植物学について論じた，我が国初の本格的な植物学書とされる．

図2·5　宇田川榕菴

2·2 受精卵から個体まで

それでは生物の発生は，果たしてどのような過程を経て起こるのか．本節では，ウニと植物（被子植物）の発生について述べ，さらに私たち人間が母親の体の中でどのように発生し，生まれるかについて学ぶ．

(1) ウニの発生 （図2·6）

ウニの卵は透明で観察がしやすいため，発生の研究が最も進んでいる．

a. 卵　割　1個の**受精卵**が，複雑な過程を経て1個の新しい多細胞体になっていく過程を**発生**といい，そのうちのかなり初期の過程を**胚発生**という．単細胞である受精卵から始まる初期の細胞分裂のことを**卵割**といい，卵割によって生じる1個1個の細胞を**割球**という．割球は，一度分裂した後，そのサイズを増大させることなくすぐに次の分裂へと進むため，卵割は，胚全体の大きさは変わらず，1個1個の割球がどんどん小さくなっていくという具合に進行する．

b. 桑実胚から原腸胚　やがて，多数の小さな割球でできた**桑実胚**に達した後，細胞が胚の表面に並び，その中が空間（**卵割腔**）となった**胞胚**になる．つぎに，この胞胚の植物極側の細胞層が徐々に陥没してやがて原口と原腸がつくられ，**原腸胚**（**嚢胚**）が形成される．

c. 幼生へ　この原腸胚から，それぞれの細胞層が徐々に機能形態の異なる細胞へと分化して**プリズム幼生**となり，続いて左右相称の**プルテウス幼生**（エキノプルテウス）となる．この時期の幼生はすでにカルシウム性の幼生骨格を

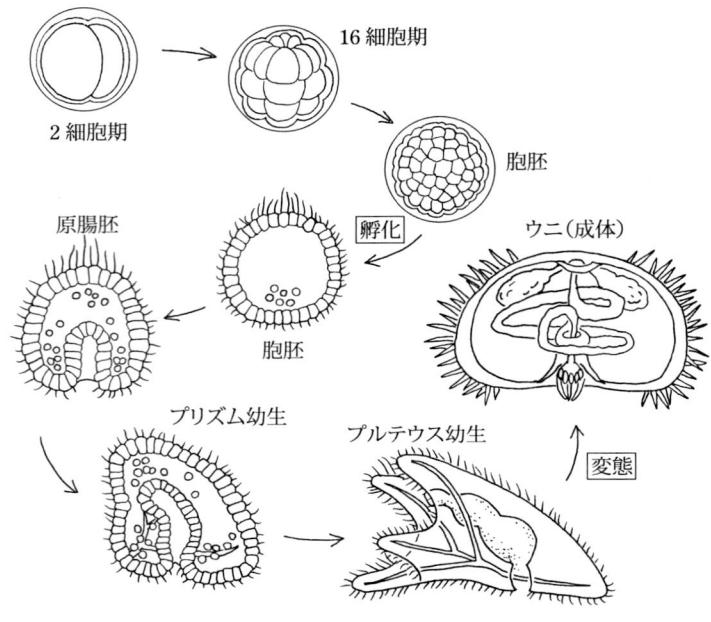

図2・6　ウニの発生

有している．プルテウス幼生はやがて変態し，消化管や体腔嚢をもつ中央部分のみが成体となり，放射相称のウニとなる．

(2) 植物の発生

植物の発生も，私たち動物と同じように**雄性配偶子**と**雌性配偶子**が受精し，そこから多細胞化が起こるという過程を経る．ここでは被子植物の発生について述べる．

a. 胚の発生　受精卵からスタートした胚の細胞は，ある程度分裂を続けた後，前表皮，頂端分裂組織，前形成層などの組織へと分化していく．このうち前表皮は植物の外側を覆う表皮を形成し，頂端分裂組織は胚の完成後につくられる植物の体のすべて（茎・葉・根．90ページ参照）をつくる．木部や師部からなる内部輸送系（維管束系）もこれに由来する．なお，ある程度発生した胚は，子葉とよばれる1対もしくは1枚の小さな葉を形成し，茎や葉を形成する頂端分裂組織を取り囲んでいる．

b. 頂端分裂組織　被子植物を含めた維管束植物では，胚が完成した後の段階においては，すべての細胞が分裂するのではなく，縦に長く伸びた植物体の両方の端の細胞が分裂を繰り返すようになる．これを**頂端分裂組織**という．一方の端が根をつくり，もう一方の端は茎，葉，生殖器官を形成していく．

c. 発生の休止と発芽　胚が成熟し，胚が完成すると，外界の環境に応じて発生は休眠期に入る．つまりこの時期の胚を，私たちは「タネ」（種子）と称しているのである．この「タネ」が地面に落ち，あるいは私たちが畑に播き，温度や水分条件など，一定の条件が揃ったとき，胚はふたたび生長をはじめ，**胚乳**あるいは子葉に蓄えられた資源を栄養源としながら**発芽**を迎える．

(3) 人間の発生

それでは私たち人間は，受精卵（**接合子**ともよばれる）から果たしてどのように発生してくるのだろうか（図 2・7a 〜 c）．

a. 受精卵から着床まで　私たち哺乳類は，メスの体内に存在する**子宮**の中で発生する．受精後 1 日で割球 2 個から構成される **2 細胞期**，受精後 2 日で **4 細胞期**を経て卵割が進み，受精後 4 日目で**桑実胚**が形成される．この段階まで，胚の大きさはほぼ受精卵と同じ大きさのまま留まっているが，桑実胚の細胞数は，**卵管**から**子宮腔**に向かって移動するにつれ，徐々に数を増し，サイズも大きくなっていく．子宮腔に達した桑実胚は，やがて胚盤胞腔という空間に液体が充満したボールのような構造である**胚盤胞**となり，このときの細胞数は数百に達している．胚盤胞では，それぞれの割球が再配列し，**内細胞塊**と**栄養膜**が形成される．内細胞塊はやがて**胎児**へと成長していく部分であり，栄養膜は**胎盤**を形成していくところである．受精後 6 日目に，胚盤胞は子宮内膜に**着床**し，やがて子宮内膜内部へともぐりこんでいく．

b. 卵黄嚢　受精後約 12 日目には胚盤胞はすっかり子宮内膜の内側へ入り込み，**卵黄嚢**，**羊膜**，羊膜腔，胚盤葉，そして**胚外中胚葉**が形成される．卵黄嚢は，子宮胎盤循環系ができあがるまで，胚子に栄養を供給するという重要な役割があり，さらに卵黄嚢は発生初期の造血機能を司り，原始生殖細胞をつくり，さらに胃や腸を形成する部分となる．

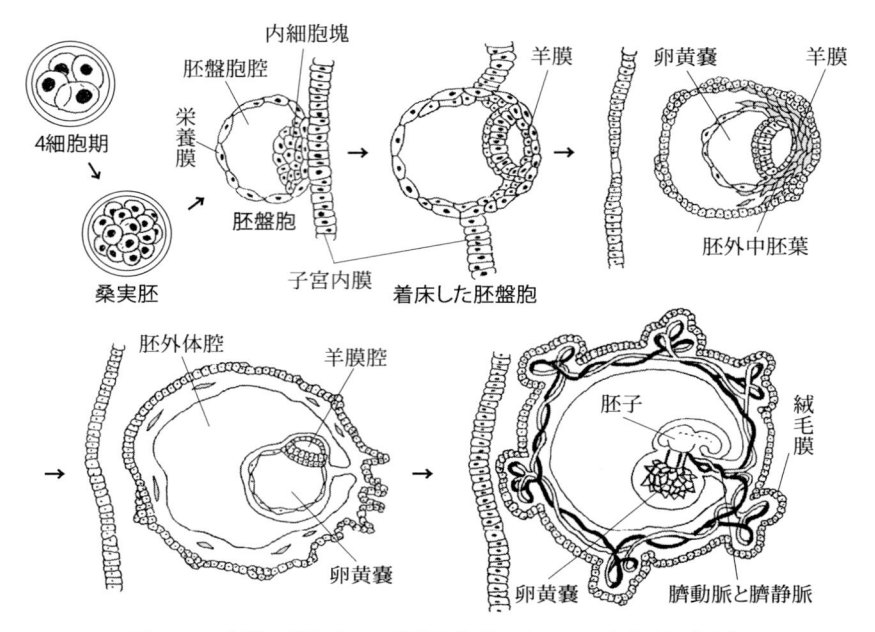

図2・7a 人間の発生その1：発生初期（トートラ2006を参考に作図）

c. 神経胚の形成 受精後約15日目（発生第3週初期）から第3週の終わりまでには神経板の形成が始まって，やがて神経胚が形成される．神経板はやがて神経襞(ひだ)を形成し，それに挟まれた神経溝という窪(くぼ)みからやがて神経管がつくられる（図2・7b）．

d. 発生第3週 この頃，胚子の内部に胚内体腔が生じ，将来臓器と体壁になる部分を分離する．また血管形成が，卵黄嚢や絨毛膜(じゅうもうまく)中の胚外中胚葉で始まる．第3週の終わりには，毛細血管が絨毛膜中で発達をはじめ，胎盤の形成が始まる．

e. 発生第4週 この時期に，器官形成が始まる．卵黄嚢の一部が胚子の中に取り込まれ，原始腸管が形成されて，前腸，中腸，後腸へ分化する．体節と神経管が発達し，全部で5対の咽頭弓(いんとう)が形成される．将来の内耳となる耳板，眼となる水晶体板が出現する．

f. 発生第5〜8週 第5週になると脳の発達が進み，第6週の終わりまでには頭部ならびに四肢(し)の発達が進む．心臓が4室となり，指が形成されはじめ

る．眼は開き，耳介が現れる．

g. 胎児期 発生第9週以降を**胎児期**，それ以前を**胚子期**に分ける（図2・7c）．胎児期では，胚子期で発達を始めた諸器官，諸組織がさらに成熟する．第9週から第12週の間に，胎児の長さは2倍に成長する．13週以降になると下肢が伸び，見た目が胎児らしくなる．21週を過ぎると体重の増加が顕著となり，38週までには，胎児の腹囲が頭囲を上回るほどにまで成長する．

h. 分娩 分娩（真分娩）とは，胎児が子宮から膣を経由して外へ出される過程をいう．子宮の定時的な収縮が，上部から下部へ向かって起こり，胎児を排出する．分娩は，子宮の収縮の開始から子宮頸管が最大に開くまでの**開口期**，子宮頸管の最大の開口から胎児の娩出までの**娩出期**，胎児の娩出から胎盤が排出されるまでの**後産期**に大きく分けられる．

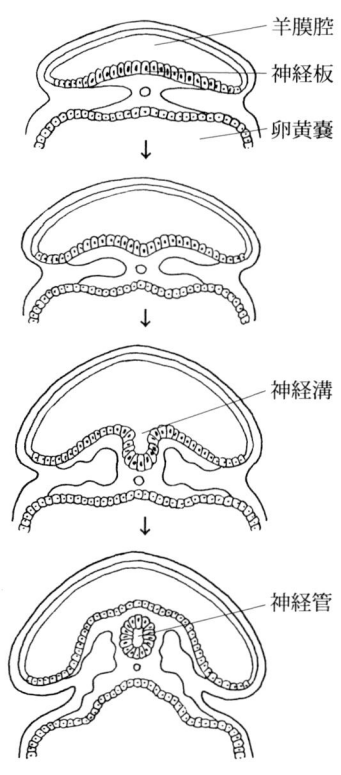

図2・7b 人間の発生その2：神経胚の形成（トートラ 2006を参考に作図）

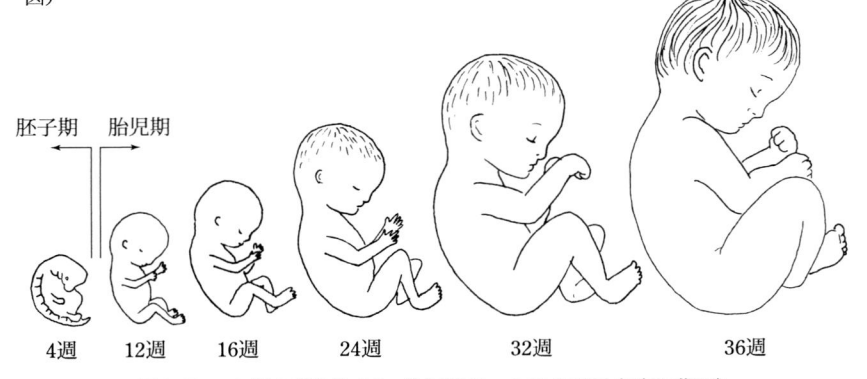

図2・7c 人間の発生その3：胎児期（トートラ 2006を参考に作図）

2・3 細胞の構造

フックが顕微鏡で観察し，世界で初めて「cell（細胞）」という名前をあてはめたのは，コルクの細胞であった．コルクはすでに死んだ植物の細胞の集まりであるから，フックが観察したそれは，正確には細胞の抜け殻，つまり残った細胞壁などを見ていたにすぎない．もっとも，フックがコルクを顕微鏡で観察したのは，彼が必ずしも「生物の微細構造」を目的としたのではなく，コルクがなぜ軽く，弾力性に富むのか，つまり「コルク」そのものの秘密を確かめたいがためであったという．しかし，そのことが，結果として生物の基本単位である細胞を世界で初めて記載し，のちの生物学の発展の礎を築くことになった．

これまで述べてきたように，多細胞生物の発生とは，細胞という生物体を構成する基本単位が多細胞化し，分化して個体を形成する過程のことである．したがってここで，その基本単位である細胞の構造について学んでおく必要がある．

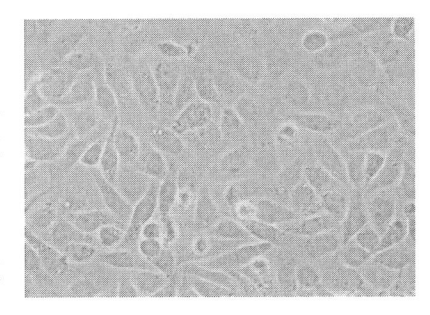

図2・8 培養される細胞
ヒト子宮頸ガン由来のHeLa細胞．

(1) 細 胞 膜

薄い膜で包まれたものと言われてすぐ思い浮かべることができるのは，ゴムでできた「風船」である．風船の中には空気より軽い気体が封入されていて，内外の重量差によって，軽くふわりと浮くことができる．

a. 脂質二重膜 細胞も**細胞膜**という薄い膜で包まれているが，その性質は，ゴム製の風船膜とはまったく異なっている．細胞膜は，主に**リン脂質**から構成された二重の膜（**脂質二重膜**）によって成り立っており，脂質の大海原の中に，様々な細胞表面タンパク質が浮かんだ構造をとっている（図2・9）．リン脂質は，**親水性**と**疎水性**という相反する性質を同一分子上にもっているため，疎水性基同士を内側に向け，親水性基を外側に向けた二重膜をつくることができる．

b. 半透膜と能動輸送 細胞膜には**半透性**という性質がある．半透性とは，ある物質はそのまま通過させるが，それとは別のある物質は通過させないとい

2・3 細胞の構造

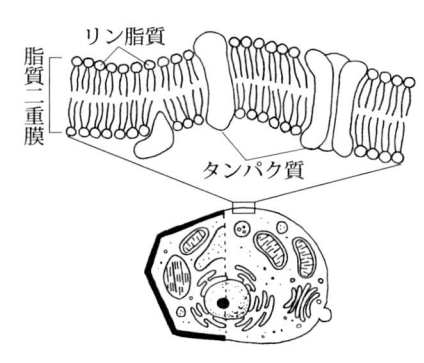

図2・9 細胞膜の構造
細胞膜のところどころにはイオンチャネルなどのタンパク質が埋め込まれている.

う性質のことである．とりわけ細胞膜の機能として重要なのは，**能動輸送**というメカニズムであり，ある物質を選択的に透過させ，細胞膜の内外でその物質の濃度差を一定に保つか，あるいは一時的に濃度差を生じさせる仕組みである．

細胞内外のナトリウムイオン（Na^+）とカリウムイオン（K^+）の濃度差は激しい．Na^+ 濃度は細胞外が 150 mM であるのに対し細胞内では 15 mM であり，また K^+ 濃度は細胞外が 5 mM であるのに対し細胞内では 140 mM である．細胞膜には，**Na^+-K^+ATPアーゼ**というタンパク質でできた「汲み出し装置」が存在し，濃度差を一定にしようとする自然の流れに反して，イオンを低い濃度の側から高い濃度の側へと汲み出している．また，生体膜にはある特定のイオンだけを通過させるタンパク質でできた装置があり，これを**イオンチャネル**とよぶ（図2・10）．Na^+ や K^+ のほかにもカルシウムイオン（Ca^+）の通過をコントロールする**カルシウムチャネル**などがある．

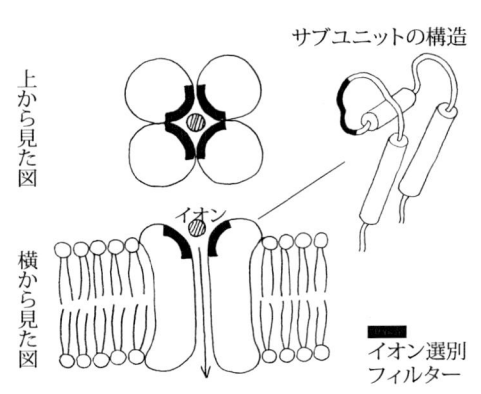

図2・10 イオンチャネルの役割
放線菌 *Streptomyces lividam* の K^+ チャネルの構造．

一方，溶媒である水分子や一部の溶質は，**拡散**によって自由に細胞膜を通過することができる．

(2) 細 胞 核

a. 核の構造 細胞の中で最も大きく目立つ構造体が核（**細胞核**ともいう）

である（図2・11）．これは私たち**真核生物**に特有の構造体であり，大腸菌などの**原核生物**にはない．核は**核膜**という，脂質二重膜がさらに二重になり，無数の穴（**核膜孔**）が開いた膜で包まれている．核膜孔は1個の核につき3000個から4000個存在するが，単なる穴ではなく，**核膜孔複合体**とよばれる多くのタンパク質で構成された装置によって"ふさがれた"状態になっており，物質の通過を選択的にコントロールしている．

b. 核の機能 核の最大の役割は，遺伝情報を担うDNAの格納庫としての役割であり，必要に応じて**遺伝子を発現**させる舞台である．私たちヒトの細胞の1個の核の中には，総計2mにも及ぶDNAが格納されている．核を顕微鏡で観察すると，明瞭に区別できる二つの領域（**核質**と**核小体**）が見え，核質には分散した**クロマチン**が存在する．クロマチンについては，5・2節(3)で詳しく述べる．

図2・11 核の構造と核膜孔

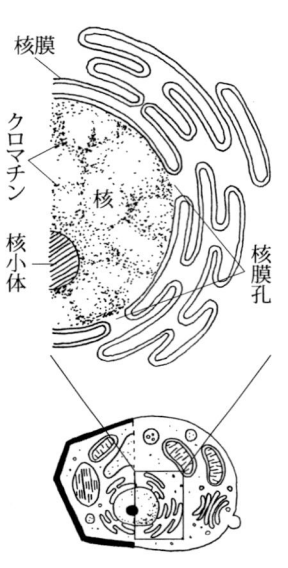

c. 核小体 一方，**核小体**は膜で包まれているわけではなく，正確には核の中の特別な領域と捉えるべきである．ここでは，タンパク質合成装置である**リボソーム**の生合成が行われている．リボソームの構成成分であるrRNA（リボソームRNA）の遺伝子は，1個の核の中に数百コピー存在するが，それらが一か所から数か所に集まり，そこで盛んにrRNAの転写が行われているのが核小体である．さらに核小体には，リボソームの構成成分である70種類もの**リボソームタンパク質**が集合し，転写されたrRNAと組み合わされてリボソームがつくられている．

(3) ミトコンドリア

a. 構造と機能 ミトコンドリアは**酸化的リン酸化**反応の場であり，酸素を利用してエネルギーの共通通貨と言われるアデノシン三リン酸（**ATP**）を合成する細胞内小器官である．細胞内のミトコンドリアの数は，種や細胞の種類

によって異なるが，おおむね1個の細胞の細胞質中には数百から数千個ものミトコンドリアが存在する．ミトコンドリアは，核と同じように二重の脂質二重膜からなり，その内部には**クリステ**とよばれる襞状に突き出た構造があるのが特徴である（図2·12）．内膜には，ATP合成に関わる酵素群が存在する．

b. 共生説　ミトコンドリアは，かつて独立した生物であったと考えられている．真核生物が誕生する以前，ミトコンドリアの祖先は，酸素と水を利用してATPを合成する好気性細菌として独立して生きていた．あるとき，好気性細菌の一つ（αプロテオバクテリア）が，真核生物の祖先となる別の細胞の中にもぐりこみ，共生関係を結んだ．これがミトコンドリアの起源であるとされ，こうした細胞同士の共生が真核細胞として進化したとする説を**共生説（細胞内共生説）**という（**6·1**節(2)参照）．

この説を支持する様々な証拠がある．まず第一に，ミトコンドリアには核とは別個に独自のDNAがあり，その形状は細菌と同じく環状である．その複製の仕方も細菌のそれに非常に類似している．また，ミトコンドリアは核とは独立して，細菌と同様に自ら**二分裂**によって増殖することができる．さらにミトコンドリアの大きさは，細菌のそれとほぼ同じである．

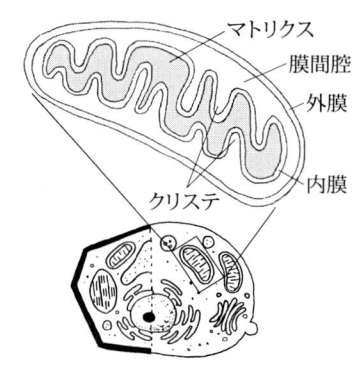

図2·12　ミトコンドリアの構造

図2·13　タンパク質の小胞輸送メカニズム

(4) 小胞体，リボソーム，ゴルジ体

a. 小胞体とリボソーム　真核細胞の細胞質には，薄い袋のような構造が何層に

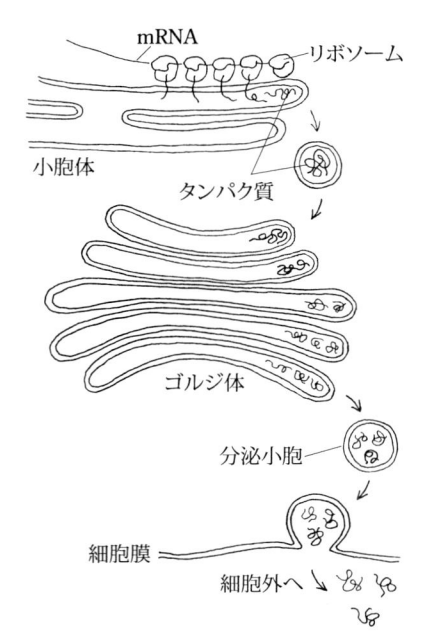

も積み重なって存在している．この構造を**小胞体**という．小胞体は，その表面に**リボソーム**という細かい粒子を無数に結合させたものと，リボソームを結合させていない滑(なめ)らかなものに大別される．前者を**粗面(そめん)小胞体**，後者を**滑面(かつめん)小胞体**という．リボソームはタンパク質を合成する装置で，数種類の rRNA と数十種類のリボソームタンパク質からできている．粗面小胞体では，表面に結合したリボソームでつくられたタンパク質が，小胞体の内腔へと放出され，タンパク質はそこから**ゴルジ体**へと輸送される（図2・13）．

b. ゴルジ体　ゴルジ体は，小胞体から運ばれてきたタンパク質を細胞の外へ分泌する役割を担っている．タンパク質はここで濃縮され，多糖類などがその分子表面に付加された後，ゴルジ体からちぎれるように生じる小胞に包まれて，そのまま細胞表面から**エキソサイトーシス**によって細胞外へと分泌される．

(5) リソソーム，ペルオキシソーム

リソソームは，細胞質全体にわたって広く存在する小胞であり，これにはタンパク質や脂質，糖質，核酸などの物質を分解するための加水分解酵素が含まれている．リソソームは，こうした物質を分解し，消化する役割がある．

一方，**ペルオキシソーム**は，一群の酸化酵素を含む小胞であり，生体にとって有害な過酸化水素（H_2O_2）を分解するなどの役割をもつ．

(6) 植物のオルガネラ 〜葉緑体と液胞〜

植物細胞特有の細胞内小器官（オルガネラ）が，葉緑体と液胞である（図2・14）．

a. 葉緑体　葉緑体は光合成を行う細胞内小器官で，すべての緑色植物に存在する．葉緑体の内部は，袋状で扁平(へんぺい)になった**チラコイド**とよばれる部分と，基質である**ストロマ**から構成されている．チラコイドはさらに幾層にも積み重なり，**グラナ**という構造を形成している．このチラコイドの膜の部分に，光合成を司る光合成色素である葉緑素

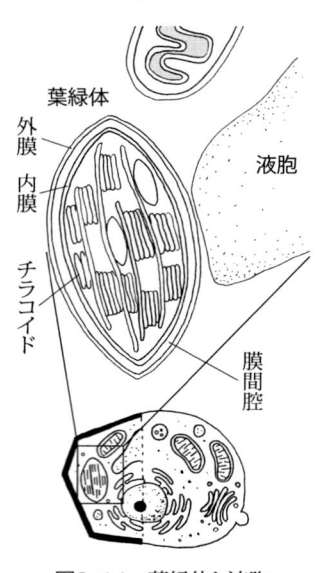

図2・14　葉緑体と液胞

（**クロロフィル**）が含まれる．ミトコンドリアと同様に，葉緑体も核とは別に独自の DNA をもち，やはり祖先は独立した細菌（光合成細菌）であったと考えられている．

b. 液　胞　植物細胞に時折見られる細胞内構造に，**液胞**がある．液胞はその名の通り，細胞質の中に液状の物質が蓄積されて生じる大きな袋である．代謝産物の貯蔵などの役割のほか，アントシアンなどの植物色素を含み，植物が醸し出す多様な色彩に一役かっている．

コラム　　ペロミクサと共生細菌たち

　　ミトコンドリアがかつては独立した細菌であったとする仮説には，じつに多くの情況証拠がある．その中で最大のものは，おそらく現実に，細胞の中に共生して生きている細菌が発見されていることだろう．きわめて原始的な真核生物で，原生生物のアメーバによく似た「ペロミクサ」とよばれる生物がいる．*Pelomyxa palustris* など数種が知られている（図 2・15）．この原生生物は単細胞生物ではあるが，その細胞内に，どこかで聞いたような話だが，多い場合は数百個とやたらに多くの核をもつ．この生物は興味深いことに，他の真核生物で通常みられるミトコンドリアやゴルジ体をもたず，そのかわり植物細胞で通常見られる液胞をもつ．さらに特筆すべきは，おそらくミトコンドリアのかわりに，2種類の共生細菌を保有しているということだ．一つはペロミクサの核の周囲を取り囲むようにして存在し，もう一つはペロミクサの細胞質に散在している．およそ真核生物の形態とはかけ離れているが，「核」をもつがゆえに真核生物に分類されているこの生物は，果たして本当に，私たち真核生物の祖先に最も近縁であるのだろうか．今後の研究の進展が待たれるが，惜しいことに，ペロミクサを専門とする研究者の数は，世界的にも非常に少ない．ただ，他生物に共生して活動する細菌については，他にもいくつか知られている．

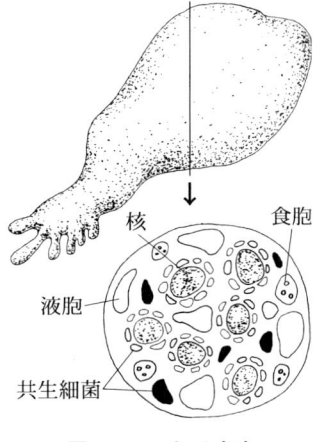

図 2・15　ペロミクサ

2·4 組織と器官

繰り返しになるが，発生とは，1個の受精卵が細胞分裂を繰り返し，多細胞体を形成する過程である．むろんのこと，そうしてできた多細胞体は，単なる細胞の集まりであるわけではない．それぞれの細胞には機能に応じた役割があり，その周囲の細胞と様々な相互作用を行い，機能的な連関を保ちながら活動している．

(1) 細胞の分化

受精卵が卵割を繰り返す発生初期の胚発生の段階では，細胞は単に分裂を繰り返すだけである．ところが，ある程度発生が進むと，細胞によって異なる形態をとったり，異なる分裂の仕方をしたりしはじめ，やがて細胞によって異なる機能を発揮しはじめる．このように，機能をもたなかった細胞が，その細胞に特有の機能をもち，特有の形態をもつようになる過程を**細胞分化**（あるいは単に**分化**）という（図2·16）．

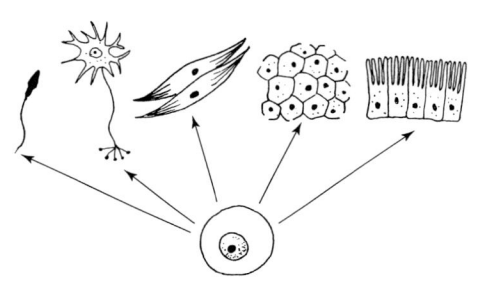

図2·16 細胞の分化

(2) 組　織

複数の分化した細胞が集まり，その機能的な連関によってある特定の機能を発揮した集合体のことを**組織**といい，その組織はさらに別の組織と連携して，ある一定の目的をもった**器官**を形成している．私たちの体には多くの組織があり，そこから形成される複数の器官と器官系によって，1個の多細胞体が維持されている．できあがったそれぞれの組織が，胚発生の段階で，その胚のどの部分に由来するかを表すのに，**内胚葉，外胚葉，中胚葉**という用語が使われる（図2·17）．

a. 内胚葉性の組織 〜消化管内腔の上皮組織〜　内胚葉に由来するのは，私たちの体を口から肛門まで貫く消化器官のうち，その内腔を覆う上皮組織である．

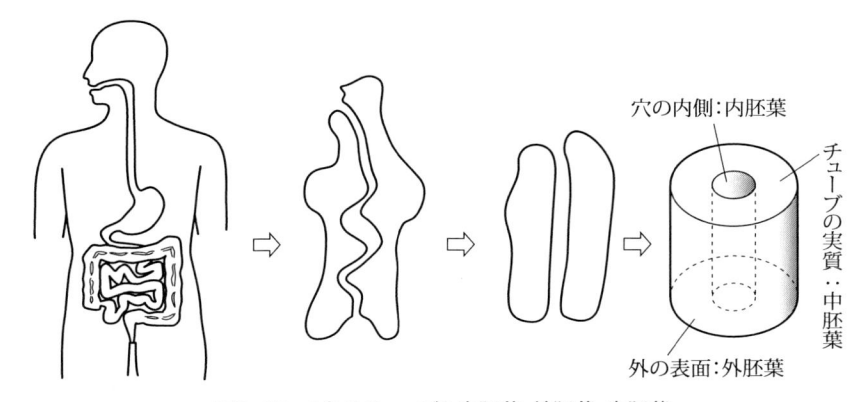

図2・17 1本のチューブと内胚葉, 外胚葉, 中胚葉

胞胚から原腸が形成されるとき，胞胚の一部が陥入して奥へと奥へと長い管が形成される．このとき，内側に入っていった細胞は消化酵素を分泌するように分化していく．この細胞たちが内胚葉を形成し，消化管へと分化を遂げていく．消化管に付属する肝臓や膵臓なども内胚葉に由来する．

b. 外胚葉性の組織 〜皮膚と神経組織〜 外胚葉は，私たちの体の表面を覆う部分と，神経組織に大別される．外胚葉は，原腸が形成された際に内胚葉にはならなかった残りの部分，すなわち胚の表面を覆う部分に由来する．そしてそのまま，外胚葉性の細胞群は，私たちの体表面を形づくる皮膚となり，また神経板を経由して神経管を形成し，神経組織へと分化を遂げていく．

c. 中胚葉性の組織 〜結合組織〜 中胚葉に由来するのは，筋組織や結合組織を中心とする，私たちの体の「内部」に存在する組織である．原腸胚において，内胚葉と外胚葉の中間に生じる空隙（**原体腔**）に，この二つの胚葉を結びつけ，支えるように新たな細胞が生じる．これがやがて結合組織となる中胚葉の細胞群である．「内部」というのは，消化管の内部を言うのではなく，表面を覆う皮膚と消化管との間に存在する，外界とは接触することのない体の中身のことである．このほか，循環器系や生殖器系なども中胚葉由来である．

（3）器官の形成

いくつかの組織が集まって，ある目的のために**器官**が形成される．食べ物を

分解し，それを体の中に吸収するために，**消化器官**が形成され，老廃物を除去するために，**泌尿器官**が形成される．また，皮膚も一つの器官であり，上皮組織である表皮と結合組織である真皮，そしてその真皮に張りめぐらされている神経組織などから成り立っている．

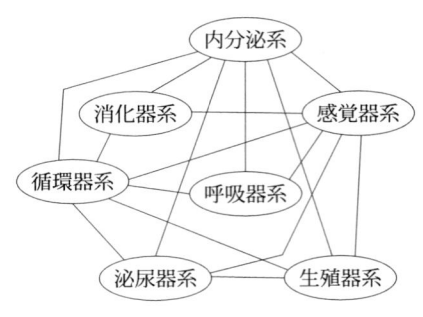

図2·18 人間の器官系
お互い密接に関連し合っている．

それぞれの器官は，たいていの場合，複数の器官が集まって**器官系**を形成する．器官系はある一定の機能をもつ．たとえば，胃，腸，肝臓，膵臓は，それぞれが消化器官であり，そのどれもが消化という一つの機能，目的をもつ．これら消化という目的をもった器官が集まり，**消化器系**とよばれる器官系を形成する．人間の場合，消化器系のほか，呼吸器系，循環器系，泌尿器系，生殖器系，内分泌器系，骨格系，筋肉系，神経系などの器官系が存在する（図2·18）．

2·5 神経系と脳の発達の仕組み

私たち人間が他の生物と大きく異なるその最大のものは，極度に発達した脳であろう．脳は神経組織に含まれるもので，神経の集まりが極端にシステム化した部分である．本節では，脳と神経系の仕組みと，その発生のメカニズムについて学ぶ．

(1) 神経細胞と神経の伝達メカニズム

神経系の基本単位は**神経細胞**（ニューロン）である．神経細胞には，他の体細胞とは異なる顕著な特徴がいくつか存在する．

a．細胞体と軸索 図に描くと，神経細胞はSF小説に出てくる火星人か，まったく人知の届かぬところにある宇宙生命体のような形をしている（図2·19）．神経細胞は，二つの大きく目立つ部分からできている．神経細胞の本体である**細胞体**と，その細胞体から長く伸びた突起である**軸索**である．細胞体からは複数の**樹状突起**が突き出ている．軸索には，神経細胞の興奮を，その軸索の先に

存在する別の神経細胞や各組織に伝える役割をもつ．

b. シナプス　神経細胞の軸索の先端は，隣の神経細胞の細胞体と接している．このつなぎ目部分のことを**シナプス**という（図2・20）．シナプスでは，軸索の先端と隣の細胞の細胞体は，ぴたりと接着しているわけではなく，ある一定の隙間が空いている．これを**シナプス間隙**といい，この間隙を介して神経伝達物質の受け渡しが行われる．

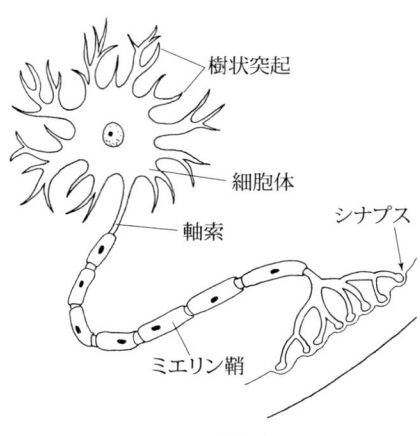

c. 軸索における神経伝達機構　神経細胞最大の機能は，"興奮"をシナプスを介して隣の神経細胞に伝達することである．その興奮は，細胞体から長い軸索を経由して，ほとんど瞬時に伝達される．

神経細胞の興奮の実体は，**活動電位**という一過性の電位変化である．細胞には，細胞膜の内と外で，ナトリウムイオンとカリウムイオンの濃度差によって決められる電位の差，すなわち**膜電位**が存在している．神経細胞が興奮していないときの電位を**静止電位**という．神経が興奮すると，この膜電位が，静止電位のときは負（マイナス）であったものが正（プラス）へと逆転する．これが活動電位である．このとき，細胞膜上のナトリウムチャネルが一瞬開くことでナトリウムイオンが細胞内に流入し，細胞内の電位がプラスへと変化する（図2・21上）．この活動電位の影響によって隣のナトリウムチャネルが開き，そこでもナトリ

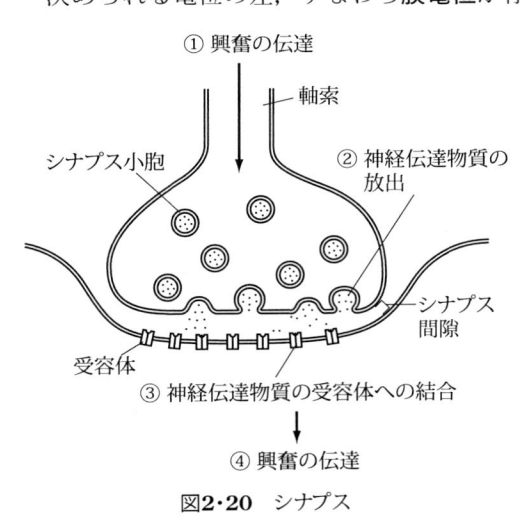

図2・21　軸索における神経伝達

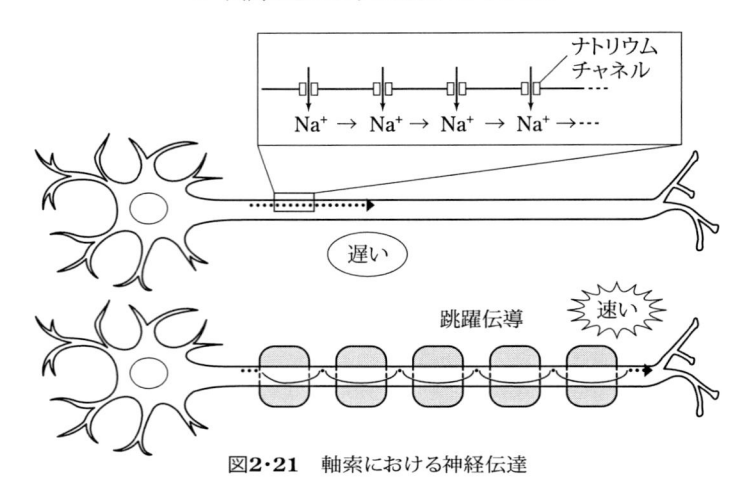

ウムイオンが流入する．この反応が連鎖的に次々に生じることで，活動電位が軸索上を移動していく．活動電位は，カリウムチャネルが開いてカリウムイオンが細胞膜の内から外へと流入することで相殺され，Na^+-K^+ATP アーゼのはたらきでイオンの濃度差がふたたび元に戻ることで消滅し，静止電位へと戻る．

d. 絶縁体によるスピードアップ　脊椎動物の軸索は，ミエリンとよばれるタンパク質性の鞘（**ミエリン鞘**）でほぼ完全に覆われており，それぞれのミエリン鞘の間の隙間にわずかに露出した軸索が点在している．ミエリン鞘はすぐれた絶縁体であるため，活動電位はミエリン鞘とミエリン鞘の隙間（**ランヴィエ絞輪**）を飛ぶようにして一気に伝達される．これを**跳躍伝導**という．

e. シナプスでの神経伝達　シナプスには**興奮性シナプス**と**抑制性シナプス**の2種類のものがある．興奮性シナプスは，伝達する相手の神経細胞に対して活動電位を生じさせ，抑制性シナプスは，相手の神経細胞に対して逆に活動電位を抑制するシナプスである．

(2) 神 経 系

　繰り返しになるが，人間が人間たるゆえんは，その極度に発達した大脳の存在にあると言える．大脳の発達は，人間に様々な精神的能力を与え，とくに手先を利用する様々な技術的能力を与えた．

2・5 神経系と脳の発達の仕組み

散在神経系　　　　　　集中神経系

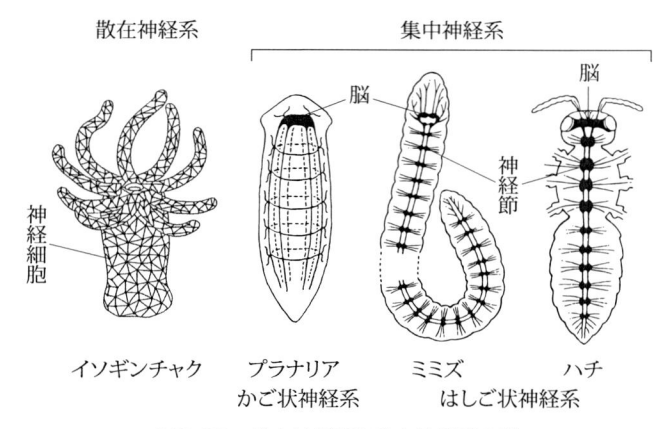

イソギンチャク　　プラナリア　　ミミズ　　ハチ
　　　　　　かご状神経系　はしご状神経系

図2・22　散在神経系と集中神経系の例

　動物の神経系の中では，イソギンチャクなどの刺胞動物に見られる**散在神経系**が最も原始的なものである．散在神経系は，神経細胞が言ってみれば体全体に一見無秩序に散らばった状態で存在している．やがてその中から，神経細胞が一か所に集まって全体の統合を司るようなシステムが進化して，**集中神経系**が生まれた（図2・22）．

　とはいえ，プラナリアなどの扁形動物，環形動物，そして昆虫などの節足動物の集中神経系は，ある一定の構造（はしご段のような）をとって整列した神経細胞のところどころに，やや神経細胞が密に集中した箇所（神経節）がある程度のものである．神経細胞の集中化が進行し，より全体を統合する役目に特化した神経細胞の集まりが，脳という器官へと進化したのが私たち脊椎動物である．脳ならびに脊髄を**中枢神経系**という．これに対し，中枢神経系と体の各臓器，各組織を結んでいる神経系を**末梢神経系**という．中枢神経系と末梢神経系は，神経細胞のシ

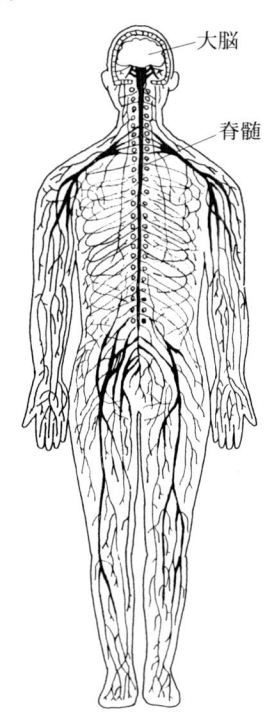

図2・23　人間の神経系
（トートラ 2006を参考に作図）

ナプスによる連結により，常に密接に情報の伝達を行っている（図2・23）．

(3) 大脳の構造と機能

a. 大脳の構造　脊椎動物の脳の進化の過程を見ると，本能，自律，情動的な行動を司る脳幹部分や**大脳辺縁系**はそれほど大きくならず，学習，感情，意志などの高度な精神活動を司る**大脳新皮質**が顕著に大きくなっていく．大脳新皮質は，大脳皮質のうち哺乳類で初めて出現した部分である．そして，人間の脳の最大の特徴は，大脳新皮質が脳全体に占める割合が極端に大きくなっていることであり，さらに**前頭葉**とよばれる「おでこ」にあたる部分の大脳新皮質が極度に発達していることである．

大脳は，**大脳半球**と呼ばれる左右の半分ずつからできている．大脳半球は，**大脳皮質**とよばれる外層の灰白質，内部の白質，そしてその内部にある灰白質より成る．この大脳皮質に，何十億個ものニューロンがある．大脳半球は，四つの葉に分けることができ，それぞれが存在する位置から**前頭葉，頭頂葉，側頭葉**，そして**後頭葉**とよばれる（図2・24）．大脳半球の深部には**大脳基底核**とよばれる部位があり，骨格筋の運動などを調節する．左右の大脳半球は**脳梁**とよばれるニューロンの軸索の太い束によって連結されている．

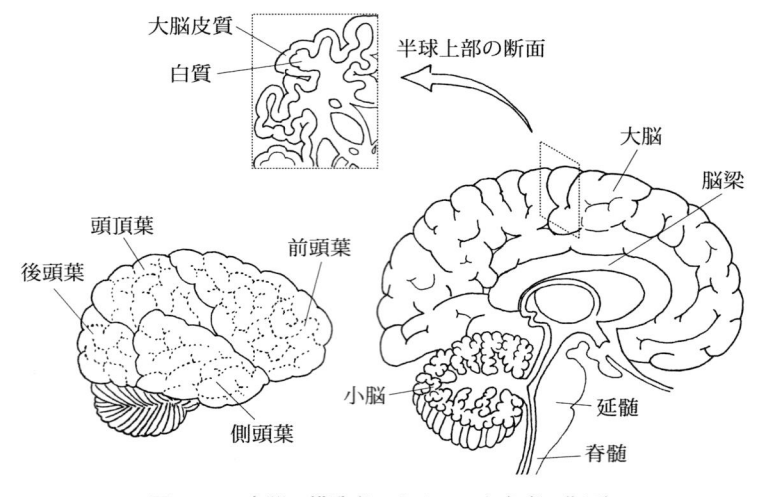

図2・24　大脳の構造（トートラ2006を参考に作図）

b. 大脳皮質の領域と機能

大脳皮質は，その機能によっていくつかの野に区分される．**感覚野**は，様々な感覚情報を受け取って解釈する部分であり，主に大脳半球の後ろ半分に存在する．一次体性感覚野，一次視覚野，一次聴覚野，一次味覚野などがある．**運動野**は，運動の開始を司る部分である．一次運動野は頭頂葉の中央付近にあり，特定の筋肉の随意運動を制御し，**ブローカの言語中枢**は前頭葉の外側溝近くにあり，喉頭，咽頭，口の筋肉の動きを支配する運動野に神経インパルスを送る（図2・25）．**連合野**は，感覚野や運動野を含む広い領域にまたがり，記憶，理性，意志，知性，判断といった複雑な統御を行う．体性感覚連合野，視覚連合野，聴覚連合野などがある．

左右の大脳半球は，ほぼ対称的な構造をしているが，その機能にはいくつかの違いがあり，これを**大脳半球の機能分化**とよぶ．

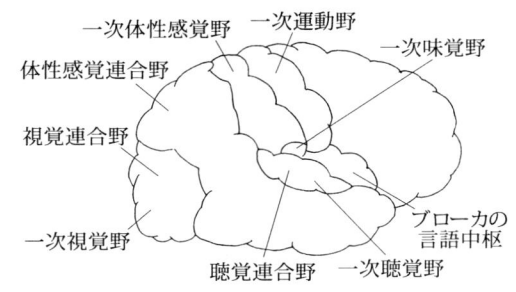

図2・25 大脳皮質の領域と機能
（トートラ 2006を参考に作図）

コラム　意識の座は左脳か，それとも右脳か

　ここで問題があります．医学的にまったく問題のない方法によって，実験的にあなたの頭部が左右に両断されることを想像してみてください．両断されても，医学が進んでいますから，あなたは今まで通り，きちんと生きています．意識もあります．ところが，実際にはあなたの頭部は，頭のてっぺんから喉元まで，左右にぱっかりと分断されているのです．さぁ，あなたの意識はどこにあるでしょうか？　左側ですか，それとも右側ですか？　あなたが見ているのは，左目を通した風景で，目玉を右へ動かせば，右側の頭部の切断面が見えますか？　それとも，あなたは右目を通した風景しか見えておらず，目玉を左へ動かすと，左側の頭部の切断面が見えるのでしょうか？（図2・26）

　古来，多くの哲学者たちを悩ませてきた意識とは何か，あるいは自我とは何

次ページへ

かという問題は，きわめて形而上的なところに位置している問題です．しかしながら，生物学の問題としてこれを考えると，意識あるいは自我というものは，生物個体としての体と脳があってはじめて成り立つものであり，意識あるいは自我は明らかに脳の様々な機能と関連しています．したがって，脳科学が進めば，おのずと意識あるいは自我が成立するメカニズムは明らかになるに違いないのですが，上記のような質問をされると，おそらくほとんどの人はまったく何も答えられなくなるでしょう．果たして意識

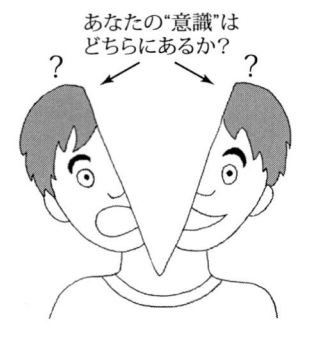

図2・26 頭部が真っ二つ

とは何でしょうか？ もしあなたが将来脳科学の分野に進んだならば，ぜひこの質問のことを覚えておいてください．ここから，意識の解明という大問題に，何か重要なヒントが得られるかもしれません．

練習問題

1) 自然発生説がどのように否定されたか説明せよ．
2) 前成説と後成説の違いを説明し，それぞれを主張した代表的な人物の名を挙げよ．
3) ウニの胚発生において，原腸胚形成時に何が起こるか説明せよ．
4) 人間の胚発生における卵黄嚢の役割について説明せよ．
5) 細胞膜の構造上の特徴につき説明せよ．
6) 細胞核以外の細胞内構造体を三つ挙げ，それぞれの機能について説明せよ．
7) 細胞分化とはどのような現象か．
8) 人体において，内胚葉，中胚葉，外胚葉由来の代表的組織をそれぞれ挙げよ．
9) 神経細胞におけるミエリン鞘の生物学的意義について説明せよ．
10) 散在神経系と集中神経系のそれぞれの特徴を述べよ．

3 人間はなぜ食べなくてはならないのか

【本章を学ぶ目的】
　人間が，どのような食物環境にあり，食物をどのようにして食べ，その栄養分を消化吸収するか，その仕組みを知ることで，人間はなぜ食べなくてはならないのかについて学び，「飽食の時代」と言われるこの時代に生きる人間のありようを，もう一度しっかりと考えるきっかけをつかむ．

3・1　生態系と食物連鎖の仕組み

　人間はなぜ食べなくてはならないのか，なぜものを食べなければ生きていけないのかを知るためには，まずこの地球上で，生物が果たしてどのようにして生きているのかについて知る必要がある．本節ではまず，生態系と，その維持にとって最も重要な食物連鎖の仕組みについて学ぶ．

(1) 人間の摂食行動の特徴

　街には様々な飲食店がある．繁華街には，昼間の疲れを癒し，職場での苦労を水に流せる憩いの場所としていろいろな飲み屋があり，うまいものを食べさせる店が軒を連ねる．人々は酔い，歌い，あるいは愚痴をこぼせる拠り所を求めて，夜の街を漂う．
　「飽食の時代」という言い方があるとおり，とりわけ米国や日本，ヨーロッパなどの「先進国」では，食べ物が余っていると言われる．全国に星の数ほどあるコンビニエンスストアーの裏口からは，毎日のように賞味期限切れの弁当などが捨てられているという．人間は，食べ物を必要とする量以上に手に入れるという，他の生物では見られない行動をとっている．
　また，実際の摂食行動においても，ヒトのそれはきわめて特徴的な様相を

呈している．まずヒトは，きわめて多様な食物を食べる．ヒトほど多くの種類の食物を摂取する生物は他にはいない．ある国の国民は「四つ足のものは机以外すべて食べる」などとも言われる．ヒトは，その生活圏内は陸上であるにも関わらず，「海の幸」と称して海に生息する生物を大量に食べる．わざわざ他の生息圏に手を伸ばし，そこから食物を手に入れる生物は他にはいない．そもそも人間以外の生物は，その生活圏内にある，ある特定の生物，あるいはその一部しか食べないことが多い．自然生態系は，生物と生物の「食う食われる」の関係から成り立つ食物連鎖と，その複雑なネットワークを基本として成立しているからである．

(2) 生物群集と生態系

a. 食物連鎖 微生物を微細な昆虫が食べ，その昆虫を小動物が食い，その小動物を猛禽類が食べるという具合に，生物の世界における食べ，食べられるの関係が連鎖的につながったものを**食物連鎖**という．ほとんどの生物は他の種の生物を食べることによって生きている．つまり，その生物の生活圏には，他の種の生物も棲息している必要がある．

b. 生物群集 同じ生活圏に生息する異なる種の生物の集団が組み合わさってできた集まりを**生物群集**という．生物群集には様々なレベルのものがある．たとえば，ある1個の大きな森には様々な種類の樹木，草本類が生息し，そこで生活する鳥や動物たちがいる．また，ある広い草原には，背の低い草本類とそれを食べる草食動物，さらにそれを食べる肉食動物が「肩を寄せ合って」棲息している．もう少し視点を小さくして，ある1本の樹の幹の中を観察すると，アメーバなどの微生物やそれを食べる小動物がいる．お堀の水をさらって顕微鏡で観察すると，アオコやクンショウモ，アオミドロなどの植物性プランクトンと，これを食べるミジンコなどの動物性プランクトンが浮遊し，同じ場所には動物性プランクトンを食べる幾種もの魚が生息している．

c. 食物網 このような生物群集における食物連鎖は，単に生物Cが生物Dを食べ，生物Bが生物Cを食べ，そして生物Aが生物Bを食べるという，一次元的なつながりには留まらない．生物群集の中では，この一次元的な食物連鎖が，さらに複雑に絡みあい，全体として**食物網**とよばれる大きなネットワー

クが形成される（図3・1）．また生物群集の中には**中枢種**と言われる生物がおり，その存在が食物網全体のバランスに大きく影響している場合が多い．

d. 遷移と極相　生物群集は，長い時間が経過するとともに，その全体的な様相も徐々に変化していく．こうした移り変わりを**遷移**という．氷河が後退して陸地があらわになったり，火山の噴火により新たに島が隆起したりといったことがあった場合，そこからまったく新し

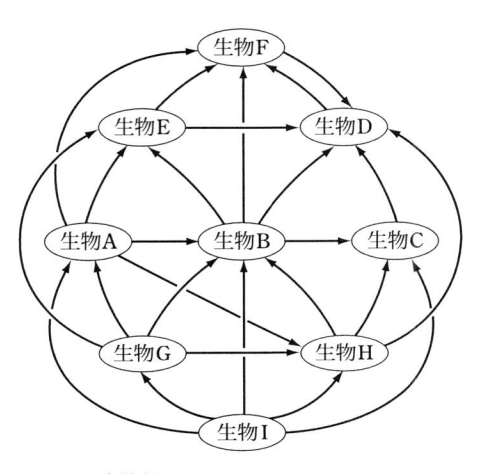

図3・1　食物網
生物A→生物Bは，「AがBに食べられる」ことを示す．

く生物群集が形成されていく様子を**一次遷移**といい，ある生物群集が，火災などの**攪乱**から回復していく様子を**二次遷移**という．遷移によって変化する生物群集は，ある特定の気候的環境的条件の下で，これ以上はもはや移り変わらないという状態に達することがある．こうした状態を**極相**という（図3・2）．

図3・2　遷移と極相（写真提供：岩槻邦男）
遷移の最終段階（極相）は条件によって異なった景観となる．左：ボルネオ・キナバル山1500m前後の山地林，右：タクラマカン砂漠・胡楊の林．

(3) 生態系，食物連鎖の物質的な意義

a. リサイクル 私たちが食物を食べることで，体の中でどういう変化が起こっているかを説明することは簡単である．しかし，これを地球規模で眺めてみると，果たして「生物が食物を食べる」ということにどのような意義があるか，と問われるとなかなか難しい．実際には生態系がやっていることは，最近ようやく私たち人間が目覚めたある行為と非常によく似ている．それは**リサイクル**という行為である．

b. 炭素循環 もっとも，生態系におけるそれを「リサイクル」という言葉で表すのは，実際には正確ではない．というのも，生態系というシステムは**物質循環**そのものであって，「改めてもう一度使う」などという「使い捨て」を前提とした類のものではないからである．

地球上では，大気中の二酸化炭素のおよそ80分の1が，植物によって毎年光合成に供され，有機物がつくり出されている．すなわち光合成とは，言ってみれば大気中の炭素が有機物へと取り込まれる反応なのである．植物によって取り込まれた有機物中の炭素は，植物体や動物，微生物などの体内を様々に経

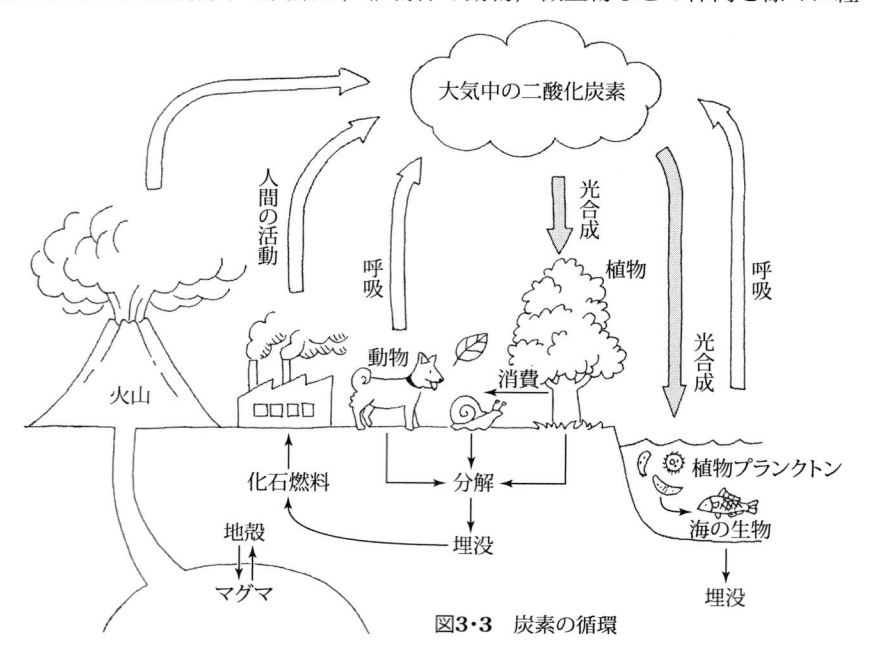

図3・3 炭素の循環

めぐり，様々な有機物の中に繰り返し取り込まれながら，やがて生物が行う呼吸によって，分解された有機物からふたたび二酸化炭素に戻り，大気中へと還(かえ)っていく．この大きな流れを**炭素循環**という（図3・3）．炭素循環にはこのほか，大気中から海洋への二酸化炭素の溶け込み，海洋中での炭酸塩への変化，化石燃料への炭素の貯蔵などの経路も存在する．

　c. 窒素循環　一方，この地球上では，各種の窒素化合物が循環するシステムもあり，これを**窒素循環**という．窒素は，大気中に豊富に存在する分子状窒素（N_2）をはじめ，アンモニア，硝酸などの無機化合物，アミノ酸や塩基などの有機化合物にいたるまで様々な形で存在している．大気中の分子状窒素は，**根粒菌**や光合成細菌などの作用によって**窒素固定**され，アンモニアに還元される．そしてこのアンモニアが，各種生物の窒素源として用いられる．また脊椎(せきつい)動物などは老廃物としてアンモニアをつくり，その中の窒素は硝酸を経由してふたたび分子状窒素へと戻される（**脱窒素作用**）．

　d. 硫黄循環　硫黄(いおう)は，ある種のアミノ酸の構成成分として重要であり，またある種のタンパク質の立体構造を決定する上でも重要な役割を果たす元素である．**硫黄循環**も，大気中に放出された硫黄と，生態系における硫黄との間で起こる現象である．大気中には，ある種の細菌から放出される硫化水素（H_2S）や，火山活動により放出されることが原因となり硫黄が蓄積される．大気中の硫黄は，硫酸塩（SO_4^{2-}）の形でふたたび生態系に戻る．植物や微生物は硫酸塩を硫化水素に還元し，タンパク質の材料となるアミノ酸のうちシステインやメチオニンなどの**含硫アミノ酸**の合成に供する．

　e. 健全な生態系　健全な生態系は，このような物質循環がバランスよく成り立っている生態系であると言えよう．こうした元素は，生物たちが長い年月を通じて進化させてきた食物連鎖という相互作用を介して，収支のバランスを保ちながら何度も何度も循環を繰り返してきた．私たち生物にとって生存になくてはならないこれらの元素は，すべて地球規模で循環しているので，その少しのバランスの崩れが，地球規模で重大な結果をもたらすことになる．

> **コラム** 人間は他の惑星に入植できるのか

著名な宇宙物理学者であるスティーヴン・ホーキングは，いずれ人間は地球を脱出して他の惑星に移住すべきであると述べた，という報道がなされたことがある．本当にそう言ったかどうかは別にしても，太陽に寿命というものがある以上，もし太陽の寿命以上に人間が種として生き延びたいと願うなら，そうしなければ生き延びることはできないのは当然である．しかし，人間が生きられる，地球と同じような環境をもつ別の星を見つけるのは容易ではない．せいぜい見つけられたとしても，生命の「せ」の字も見られない，どんなに原始的な生物の，その痕跡すらも見られないような不毛の惑星であろう．こうした惑星に，水をもたらし，植物を植え，生物の桃源郷をつくり出すという天地創造の夢を，人類はSF小説などの世界で現実のものとしてきたが，それは果たして，将来の科学で可能であるや否や？　最近では，ごく身近にそうした試みが散見されるようになった．たとえば環境教育において「ビオトープ」というものが重宝がられている．ビオトープとは，本来は生物群集の生息空間という意味の外来語（ドイツ語）であるが，日本では人工的につくり出した生態環境のことを指して言うことが多く，誤用や濫用も多い．アメリカのアリゾナ州に「バイオスフィア2」という巨大な閉鎖的人工生態系施設がある．海や熱帯雨林，サバンナなどを人工的につくり，バイオスフィア1（つまり地球）さながらの環境がつくられた（図3・4）．1990年代初頭，8人の科学者が完全に外界と遮断して生活を送ったことがあるが，様々な問題によって2年間で終わってしまった．人工的に生物群集や生態系を構築し，それを惑星レベルで定着させることは，まだまだ夢のまた夢である．

図3・4　バイオスフィア2の外観
（画像出典：バイオスフィア2のWebサイト http://www.b2science.org/）

3·2 生体を構成する物質

　生物の体（**生体**）を構成する基本的な高分子物質として，タンパク質，糖質，脂質，核酸がある．アミノ酸はタンパク質の材料である．これら基本物質は，すべて次の6種類の元素からできている．その6種類とは，炭素（C），酸素（O），水素（H），窒素（N），リン（P），そして硫黄（S）である．つまりすべての生物は，言ってみればこの6種類の元素の集合体なのである．本節では，これら共通の元素からつくられる，生物共通の**生体構成物質**について学ぶ．

(1) 生物はどのような物質で成り立っているか

　a. 水　私たちヒトの体の70％は**水**でできている．クラゲなどはその体のほとんどが水である．このことからもわかるように，生物の体にとって最も重要な物質は水であると言える．細胞内外で行われる様々な化学反応は，すべて**水溶液**の状態，つまり水の中で行われる．

　水あるいは水分子（H_2O）の役割としては，次の三つが最も重要であろう（図3·5）．まず一つは，水分子自身が加水分解反応などに代表される生体内化学反応に直接関与すること．二つ目は，血液やリンパ液などの主要成分として，物質の循環に重要な役割を果たすこと．そして三つ目は，先ほども述べたように，化学反応物質の溶媒としての役割であり，細胞のはたらきと，その中で行われる多種多様な化学反応は，水の中に溶けた状態となって初めて起こる．

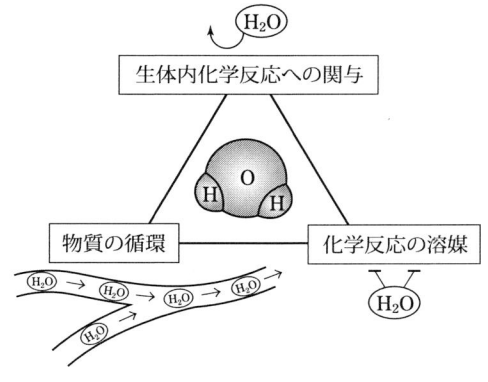

図3·5　水の役割

　b. 酸素，二酸化炭素とアンモニア　酸素（分子状酸素，O_2）は言うまでもなく，私たちが有機物からエネルギーをつくり出す**呼吸**に必要な分子である．**二酸化炭素**（CO_2）は，植物が**光合成**を行って有機物をつくり出すのに必要な分子で

あり，有機物中の炭素原子の主な利用源である．また**アンモニア**（NH_3）は，植物や細菌がアミノ酸などの有機窒素化合物をつくるのに必要な分子であるが，脊椎（せきつい）動物では有害物質として体外に捨てられる場合が多い．

c. ビタミン　ビタミンは，生物がその生理機能を司るのに必要な有機化合物であり，ごく微量でも作用するが，他の天然物から栄養素として取り入れる必要があるものをいう．**水溶性ビタミン**，**脂溶性ビタミン**に分けられ，ビタミン B，A，C，D，E，K など化学構造の異なる様々な種類のものがある（図 3・6）．

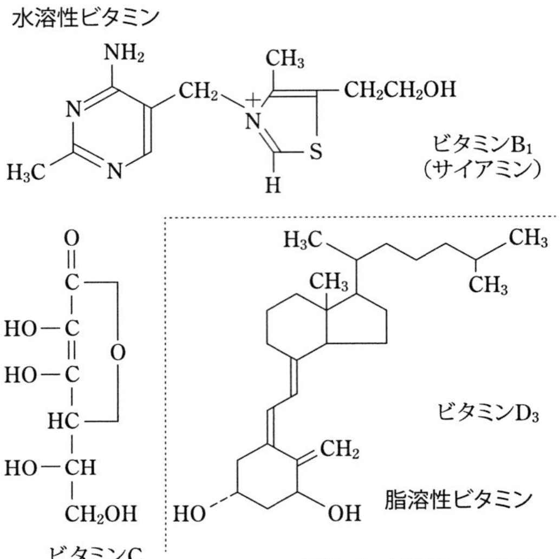

図3・6　ビタミンの種類

d. 無機質　生体には，先に述べた炭素や酸素，窒素などの六大元素のほか，マグネシウム（Mg），カルシウム（Ca），カリウム（K），ナトリウム（Na），鉄（Fe），塩素（Cl）などの無機質が大量に含まれている．これらの無機質は，酵素のはたらきを助けたり，細胞の浸透圧の維持や膜電位の形成，細胞内情報伝達などの反応を担ったりするなど，それぞれが重要なはたらきをしている．

e. 生体高分子とその基本単位　タンパク質，核酸，多糖など比較的大きな分子を**生体高分子**といい，私たち生物の生命活動において中心的な役割を果たしている．タンパク質はアミノ酸，核酸はヌクレオチドという基本単位が長く重合したものであり，糖質も，その構成単位（単糖）の多さによって単糖類，オリゴ糖類，多糖類などに分別される．これら生体高分子等については，それぞれ項を改めて述べることにする．

(2) タンパク質とアミノ酸

筋肉の主成分であり，牛乳や卵，大豆などに大量に含まれる栄養物質として

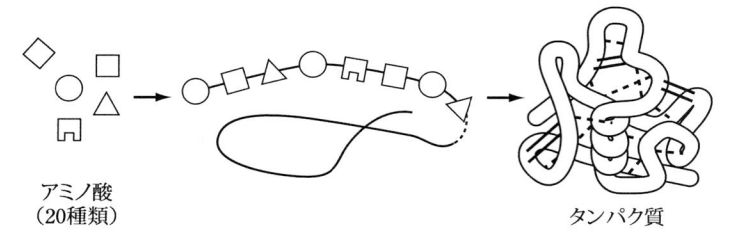

図3·7　タンパク質とアミノ酸

知られる**タンパク質**は，細胞の様々な活動に関与する主要な分子であり，アミノ酸をその基本単位とする（図3·7）．

a. アミノ酸の構造　**アミノ酸**は，図3·8に示したようにアミノ基（-NH$_2$）とカルボキシル基（-COOH）が，1個の炭素原子に結合した分子である．生体に含まれるタンパク質を構成するアミノ酸には20種類のものが知られている．タンパク質は，アミノ酸が**ペプチド結合**とよばれる結合様式で結合し，長く連なって形成される．ペプチド結合で長く連なったアミノ酸の重合体のことを**ポリペプチド鎖**という．タンパク質は，このポリペプチド鎖が，そのアミノ酸配列に依存して様々な立体構造を呈したものである．

アミノ酸には，すべてに共通の部分と，それぞれのアミノ酸に特有の部分がある．炭素原子には，他の原子（あるいは基）と共有結合することができる不対電子が4個ある．この4個の「手」のうち，アミノ基とカルボキシル基，そして水素が共有結合した部分が全アミノ酸に共通の部分である．そして，残り1個の「手」に結合した**側鎖**とよばれる分子団が，それぞれのアミノ酸に特有の部分であり，これがそのアミノ酸の性質を決めている．

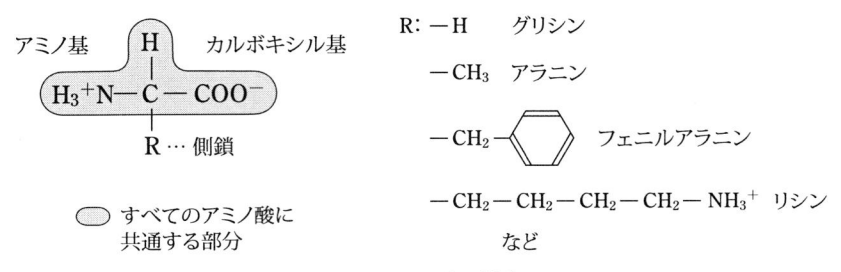

図3·8　アミノ酸の構造

b. アミノ酸からタンパク質へ　タンパク質の性質は，20種類のアミノ酸がどのような順番で配列し，どれだけの長さになるかで決まる．つまり，タンパク質の性質は，アミノ酸の側鎖がどのような順番で並んでいるかに依存する．このアミノ酸の配列順序のことをタンパク質の**一次構造**という（図3·9）．アミノ酸の配列の中には，お互いが水素結合によって軽く結びつく性質により，

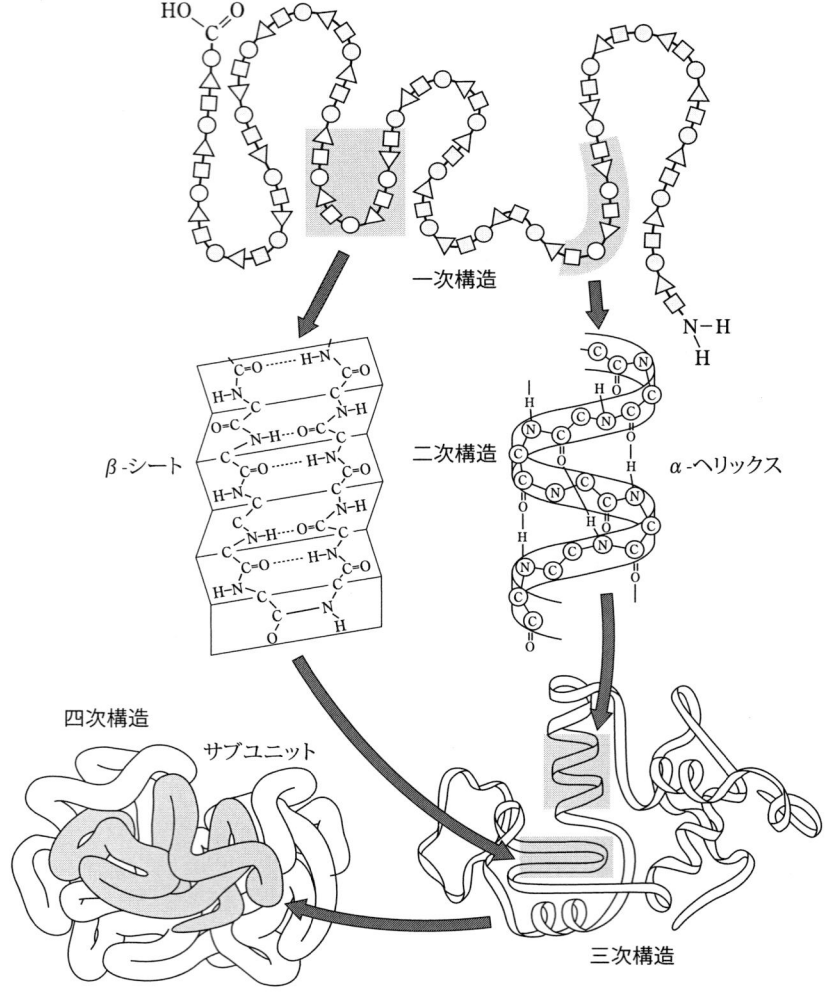

図3·9　タンパク質の一次構造から四次構造（岩槻2002に掲載のRaven 1998の図より改変）

ある一定の立体構造をとることがある．アミノ酸配列がらせん状に巻く**α-ヘリックス**，平面状に集合する**β-シート**といった簡単な立体構造が知られており，これを**二次構造**という．こうした二次構造同士がさらに複雑に集合し，三次元的な立体構造を形成して，ようやくそのタンパク質は，それ特有の機能を発揮することができるようになる．このような立体構造を**三次構造**という．

　c．タンパク質の四次構造　三次構造までは，1本のポリペプチド鎖が折り畳まれて生じるものであるが，タンパク質の中には，三次構造がさらにいくつか集まって初めて，その機能を発揮することができるものもある．この複数のポリペプチド鎖が集合したものを**四次構造**といい，この場合のそれぞれのポリペプチド鎖を**サブユニット**という．たとえば，私たちの血液中を流れる赤血球に含まれる色素ヘモグロビンは，α鎖，β鎖という2種類のサブユニットが2個ずつ，計4個集まってできたものである．

(3) 糖　質

　糖質は，生物が活動するエネルギーのもとになる分子であり，**炭水化物**ともよばれる．長い炭素原子の鎖に水素原子と酸素原子が結合した形をしており，一般式 $C_x(H_2O)_y$ で表すことができる．糖質には，その長さや水素と酸素の結合の仕方などにより，様々な種類がある（図3・10）．

　a．単糖類　糖質は，単糖類，オリゴ糖類，そして多糖類に大別される．糖の中で最も単純な構造をした物質が**単糖**である．単糖には，炭素原子を3個から7個含むものがある．その中で炭素を5個含む糖をペントース，6個含む糖をヘキソースといい，これらの糖は通常，それぞれ五員環（フラノース），六員環（ピラノース）構造をとっている．

　生体に最もよく見られる単糖は**グルコース**であり，炭素原子を6個含むヘキソースの一種である．動物の体内には血糖，グリコーゲンなどの形で存在している．ペントースには，果物に含まれる甘み成分であるフラクトース，核酸の材料となる D-リボースなどが含まれる．

　b．オリゴ糖類　オリゴ糖は，単糖が2個から数個にわたって結合した糖の総称である．砂糖の主成分であるショ糖（スクロース），牛乳などの成分である乳糖（ラクトース）は，単糖が2個結合した二糖類である．

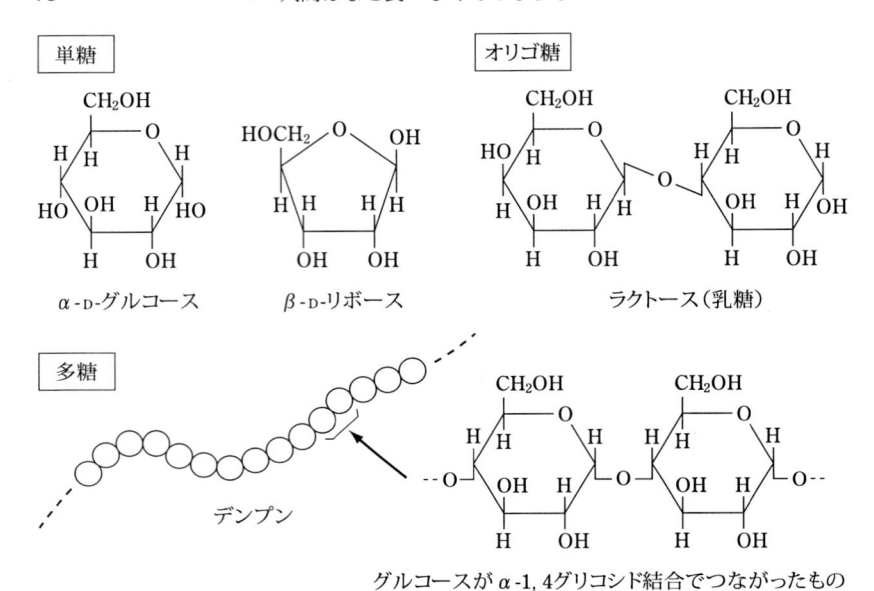

図3·10　糖質の種類

c. 多糖類　多糖には，植物が光合成により合成し，根などに蓄えているデンプンや，植物細胞の細胞壁などを構成するセルロースなどがある．デンプンもセルロースも，単糖であるグルコースがグリコシド結合によって多数結合したものであるが，デンプンはグルコースが**α-1,4グリコシド結合**によって，セルロースは同じくグルコースが**β-1,4グリコシド結合**によって結合したものである．私たち動物が，デンプンを消化できるのにセルロースを消化できないのは，グルコースの結合様式が異なるためである．動物は，グルコースをデンプンと同じα-1,4グリコシド結合で重合させ，肝臓や筋肉で貯蔵する．これを**グリコーゲン**といい，動物は必要に応じてグリコーゲンを分解し，グルコースにしてエネルギーを得ている．

(4) 脂　質

脂質は，有機溶媒に溶解し，水とはなじまない物質であり，脂肪酸エステルという構造をもつ物質の総称である．この水とはなじまない性質のことを**疎水**

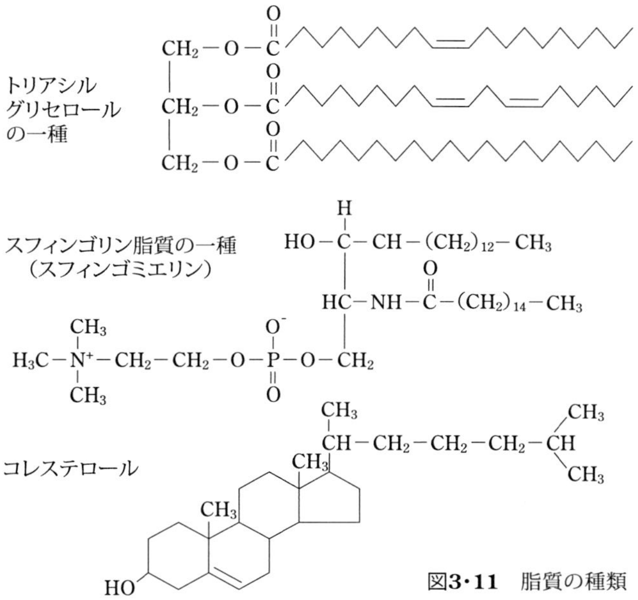

3・2 生体を構成する物質

図3・11 脂質の種類

性という．脂質は，その構造と性質の違いにより，中性脂質，リン脂質，糖脂質，ステロイドなどに分類される（図3・11）．

a. 中性脂質 **中性脂質**は，脂肪細胞に貯蔵される脂肪の主成分である．**グリセロール**と**脂肪酸**から成り，グリセロールに存在する三つの水酸基に，脂肪酸が最大3個までエステル結合により結合している．脂肪酸が3個結合したものを**トリアシルグリセロール**という．

b. リン脂質 **リン脂質**は，グリセロールの三つの水酸基の一つにリン酸がエステル結合したものである．リン酸は親水性，脂肪酸は疎水性であるため，リン脂質には親水性と疎水性の二つの性質が共存しており，**両親媒性**の分子である．複数のリン脂質分子は，水中では疎水性部分を内側に，電荷をもつ親水性部分を外側に向けた**ミセル**を形成する．ミセルが大きくなると，その内側にさらにもう1層のリン脂質の膜が形成され，二重膜を形成するようになる．このリン脂質二重膜は，細胞膜の基本構造である．

c. 糖脂質 **糖脂質**は，糖を構成成分として含む脂質の総称であり，生物界を通して広く見出される．スフィンゴシンを主要成分とする**スフィンゴ糖脂質**

と，グリセロールを主要成分とする**グリセロ糖脂質**に大別され，スフィンゴ糖脂質は動物に，グリセロ糖脂質は植物や細菌などに多く含まれる．

d. ステロイド ステロイドの構造は，他の脂質に比べても特殊である．ステロイドは，図3・11下のようなステロイド骨格をもつ疎水性物質であり，**コレステロールやビタミンD**は，ステロイドの誘導体である．コレステロールは悪玉コレステロール，善玉コレステロールなどとよばれることが多いせいか，動脈硬化の原因物質としての悪名が高いが，実際には私たちの細胞の細胞膜を構成する重要な一員であり，膜の性質決定に寄与する．

コラム　シアン化物の功罪

青酸カリ（シアン化カリウム，KCN）は猛毒として知られる．そのため，テレビの推理ドラマでも安易に犯人が毒殺に用いたりしている．青酸カリが猛毒である理由は，それがミトコンドリアにおけるATP合成を阻害することにある．KCNが体内に入り，水に溶けると，カリウムイオン（K⁺）とシアン化物イオン（CN⁻）に電離する．このシアン化物イオンは，金属原子と錯体を非常によく形成する．この性質から，ミトコンドリア内膜に存在するチトクロム c 酸化酵素が強力に阻害されるため，ミトコンドリアで行われる呼吸が停止し，死に至ると考えられている．また，シアン化物イオンは，赤血球中にある酸素運搬タンパク質ヘモグロビンと結合し，これを阻害することも知られている．このように，シアン化物はとてもおそろしい毒物であるという認識が高いが，一方において，シアン化物のうちシアン化水素（HCN）は，じつはこの

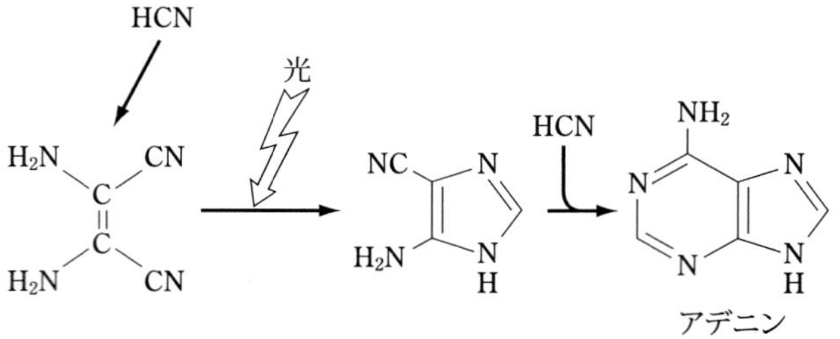

図3・12　シアン化物イオンと核酸塩基（柳川 1994より改変）
シアン化水素（HCN）からアデニンが合成される経路．

次ページへ

宇宙に普遍的に存在する分子であり，原始地球においてDNAやRNAを構成する核酸塩基の原材料になったのではないかと考えられている（図3・12）．実際，1960年に，アメリカの科学者が，シアン化水素の濃アンモニア溶液を加熱し，そこでアデニンが生成することを確認している．生物の設計図の素をつくり出しておきながら，後になって進化した生物を殺すようにはたらく．シアン化物とは，とかく不思議な物質である．

3・3 消化吸収と物質代謝

　私たちがどうして食物を摂らなければならないかといえば，何十年にもわたってこの体を維持していかなければならないからであり，私たちの体は古いものがどんどん分解され捨てられていくような物質から成り立っているからである．分解され，捨てられていった後，新しい物質を外から取り入れて，これを補わなければならない．そのために，私たちは食物を食べ，そこから必要な物質を栄養として取り入れなければ生きていくことはできない．生物は様々な仕組みを発明して，食べた食物を効率よく消化し，それに含まれる有用物質を体内に取り入れる方法を発達させてきた．本節では，私たち人間が，どのように食物を消化し，吸収しているか，その仕組みについて学ぶ．

(1) 胃・腸における消化と吸収

　a. 消化器系の構成　私たちの消化器系は，消化管と，それに付随する補助器官から成る．消化管とは，口から始まって肛門（こうもん）に終わる1本の「チューブ」のことであり，口腔，咽頭から食道，胃，小腸，大腸という領域に区別される（図3・13）．小腸はさらに十二指腸，空腸，回腸に，大腸はさらに盲腸，結腸（上行結腸，横行結腸，下行結腸，S状結腸），直腸，肛門管に分けられる．

　b. 食　道　食道は，粘液を分泌して食物を胃へと送り込む役割をもつが，それ自身に消化吸収の能力はなく，**蠕動運動**（ぜんどう）によって食物を胃の側へと押しやるはたらきをする．

　c. 胃　食物が胃に入り込むと，胃は静かな蠕動運動によって食物と胃液を混ぜ合わせる．胃は，胃粘膜上に存在する主細胞から**ペプシノーゲン**を，壁細

胞から**塩酸**を分泌し，食物を消化する（ペプシノーゲンは，分泌後に活性型の**ペプシン**となる）．食後2～4時間で，胃の内容物は小腸の最初の領域である十二指腸へと排出される．

d. 小 腸 ほとんどすべての食物は，3mの長さの**小腸**で消化，吸収される（遺体では弛緩するため6.5mになる）．小腸の内腔側の壁は，十二指腸から回腸の途中までにわたって**輪状ひだ**とよばれる無数の皺からできており，小腸内腔の壁の表面積を押し広げている．さらに**絨毛**とよばれる0.5～1mmの長さの毛のような構造の存在により，表面積はさらに増大する．絨毛表面を覆う吸収上皮細胞の

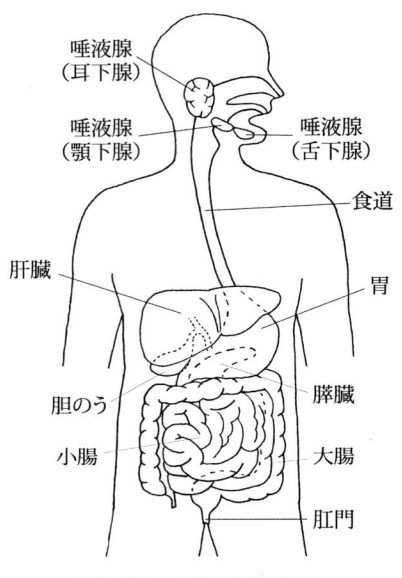

図3・13 人間の消化器系

表面は1μmほどの長さの**微絨毛**があり，さらに表面積は増大する（図3・14）．このような構造上の特徴によって長大な表面積を獲得した小腸で，膵臓から分泌される膵液，胆嚢から分泌される胆汁，そして小腸自らが分泌する腸液によって，胃で部分的に消化されていた炭水化物やタンパク質，脂質が消化され，体内へと吸収される．

e. 大 腸 小腸で吸収されなかった食物は，長さ1.5mの大腸へと送られる．**大腸**には多くの**常在細菌**が棲息し，その活動によって消化の最終段階が起こる．

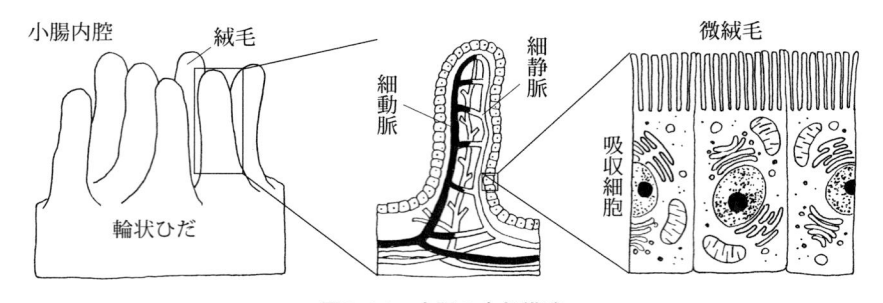

図3・14 小腸の内部構造

これらの細菌により残存していた炭水化物が発酵され，水素ガスや炭酸ガス，メタンガスなどが生産される．また残存タンパク質はアミノ酸に消化され，さらに硫化水素やインドール，脂肪酸などに分解される．便の臭気はインドールやスカトールなどに起因し，また便の褐色はステルコビリンなどの色素に由来する．大腸内では水分が吸収され，それまで粥のような状態だった食物は固形，半固形状を呈するようになり，便となる．

(2) 肝臓と膵臓

a. 肝　臓　肝臓は，消化器系に含まれる器官であるが，実際には食物の消化というよりもむしろ，消化吸収されて血液内に取り込まれた物質の代謝，解毒などの作用を行う（図3・15）．肝臓はおよそ1.4 kgあり，人体内では（皮膚を除いて）最大の臓器である．肝臓は無数の**肝細胞**からできており，1日当たり1リットル弱もの**胆汁**を分泌している．この胆汁が**胆嚢**で貯蔵され，食事後のホルモン性の刺激によって十二指腸内に分泌される．胆汁に含まれる胆汁酸の作用により，脂肪の消化吸収が促進される．

肝臓には，私たちの体を維持するための様々な機能があり，その多くは物質の代謝である．肝臓は，**血糖値**の調節に重要な役割を果たしている．血糖値が低下すると，蓄えてある**グリコーゲン**を分解し，血中に**グルコース**を放出する．血糖値が上昇すると，余分なグルコースをグリコーゲンとして貯蔵する．また必要に応じて**糖新生**を行い，アミノ酸や乳酸などからグルコースをつくり出す．肝臓は，ある種のトリグリセリドを貯蔵する．また，脂肪酸やコレステロールなどを体細胞へと送り出したり体細胞から戻したりする際に必要な**リポタンパク質**を合成する．**解毒**作用も肝臓の重要な機能である．肝臓は，アルコールなどの物質を解毒し，またペニシリンなどの薬剤を胆汁中に排泄する．つまり胆汁は，解毒した物質の排泄先であり，かつまた脂肪の消化吸収を助けるという一石二鳥の役割をもつ．

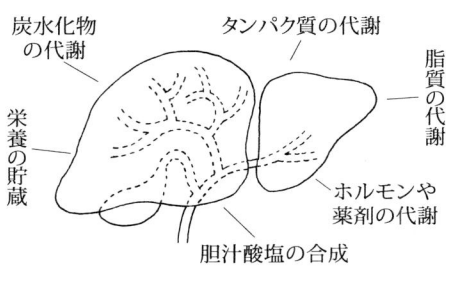

図3・15　肝臓のはたらき

b. 膵臓 膵臓(すいぞう)は，胃の後ろ側に存在する長さ 12～15 cm ほどの臓器で，1 日当たり 1.2～1.5 リットルもの**膵液**を分泌する．膵液は十二指腸内に分泌され，胃から送り込まれてきた酸性の消化物を中和する．また膵液には，**トリプシン**，**キモトリプシン**，エラスターゼなどのタンパク質分解酵素や，膵リパーゼ，リボヌクレアーゼなどの脂肪や核酸を分解する酵素が含まれている．

(3) 腎臓

物質代謝の基本の一つは，古くなった物質を捨て，新しい物質を外から取り入れて，自分の体に組み込むことである．私たちの体には，体中の何十兆という細胞から出た老廃物を，一元的に処理して排出する仕組みがある．それが泌尿器官とよばれる器官であり，腎臓や尿管，膀胱(ぼうこう)などがこれに含まれる．

腎臓は，赤っぽい色をしたソラマメのような形をした臓器であり，背中の内側に二つ存在している．腎臓は，**ネフロン**とよばれる機能単位がおよそ 100 万個ほど集まっている（図 3・16）．個々のネフロンは，**腎小体**と**尿細管**から成る．腎小体は，毛細血管網からなる**糸球体**と糸球体囊(のう)（**ボーマン囊**）から構成され，

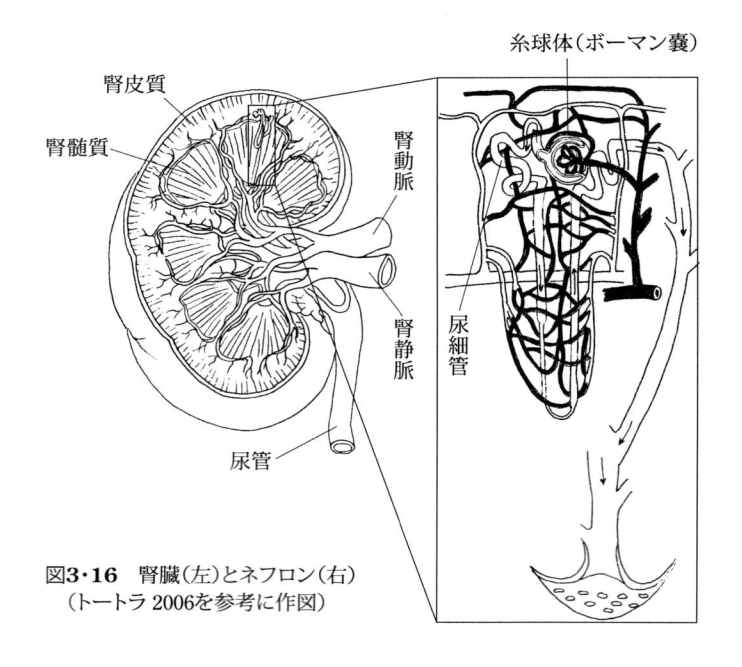

図**3・16** 腎臓(左)とネフロン(右)
（トートラ 2006 を参考に作図）

ここで尿産生の最初のステップである水分と大部分の溶質の濾過が行われる.ボーマン嚢へと濾過された液体の 99％は,尿細管を流れていく間にふたたび毛細血管へと再吸収される.尿細管中に残った老廃物は,やがて**尿**となって排出される.

(4) 食物からエネルギーを得る方法

臓器や器官レベルで食物をどう消化するかを学んできたが,それではそうして消化吸収された栄養物質から,私たちはどのようにして活動するエネルギーを得ているのだろうか.

a. ATP 生物体が用いるエネルギーの物質的な正体は,**アデノシン三リン酸（ATP）**という比較的低分子の有機化合物であり,**RNA（リボ核酸）**の材料としても用いられる**リボヌクレオチド**の一種である（図3・17）.

ATP は,細胞内の細胞質ならびにミトコンドリアにおいて**グルコース**を分解することで得られる.すなわち,エネルギーを得るためにはグルコースが体内に存在しなくてはならない.グルコースは単糖の一種で,デンプンの構成単位である.また血糖とは,血液中のグルコースのことをいう.

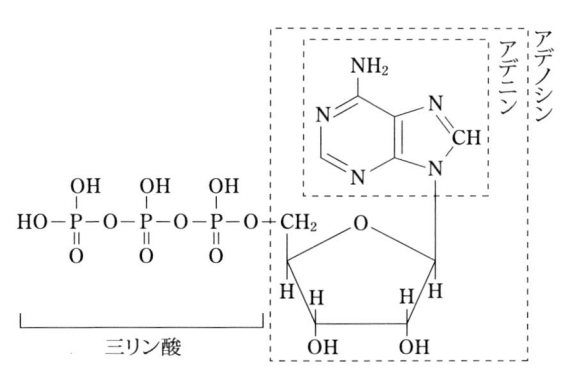

図3・17 アデノシン三リン酸(ATP)の構造

b. グルコースを得る方法 グルコースは,主にデンプンを消化することによって得られる.デンプンはまず,唾液アミラーゼによってグルコース2個がつながった二糖類の一種,麦芽糖（**マルトース**）に分解される.麦芽糖は,小腸で膵液と腸液に含まれる消化酵素であるマルターゼによって2個のグルコースに分解される.グルコースは小腸で吸収され,血流に乗って各組織へと運ばれる.

他にもグルコースは,肝臓で貯蔵されているグリコーゲンを分解することに

よっても得られ，また脂肪酸やアミノ酸からも糖新生によってつくられる．

c. 解糖系 各細胞に運ばれたグルコースが細胞の中に入り込むと，そこで分解されて ATP が合成される．6 個の炭素から成るグルコースは，まず細胞質において，3 個の炭素から成る**ピルビン酸**にまで分解される．この分解過程を**解糖**といい，その経路を**解糖系**という．

解糖系では 10 種類もの酵素がはたらき，グルコースはグルコース-6-リン酸，

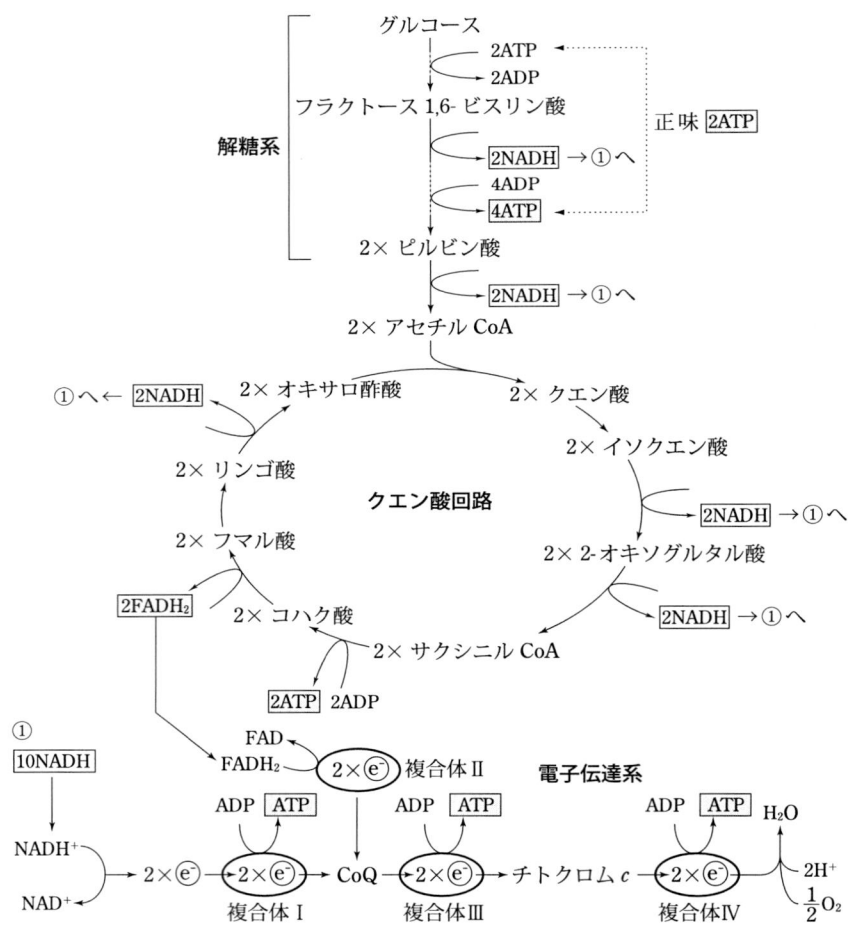

図 3·18 解糖系・クエン酸回路・電子伝達系
電子伝達系では 10NADH から 30ATP，2FADH$_2$ から 4ATP，合計 34ATP が合成される．

フラクトース-6-リン酸，グリセルアルデヒド-3-リン酸，ホスホエノールピルビン酸などを経由して，ピルビン酸にまで分解される．この解糖の間に，1分子のグルコースから，正味2分子の**ATP**と，2分子の**NADH**が産生される．NADHは，補酵素**ニコチンアミド-アデニンジヌクレオチド**（NAD^+）の還元型であり，解糖系で生じた**水素**と**電子**がNAD^+に受け渡されることで生じる．

d．クエン酸回路　細胞質の解糖系で産生したピルビン酸は，ミトコンドリア内部のマトリクスへと取り込まれ，そこでピルビン酸デヒドロゲナーゼの作用により，2個の炭素から成る**アセチルCoA**となる．アセチルCoAは，4個の炭素から成るオキサロ酢酸と重合してふたたび炭素6個からなる**クエン酸**となる．クエン酸は，様々な酵素の作用によって2-オキソグルタル酸，サクシニルCoA，コハク酸，リンゴ酸などを経由して，ふたたびオキサロ酢酸となり，新たなアセチルCoAと重合する．この物質代謝の円環を**クエン酸回路**といい，また発見者の名を冠して**クレブス回路**ともいう．

　クエン酸回路では，1分子のATP，4分子のNADHと1分子の**$FADH_2$**，そして3分子の**二酸化炭素**が生じる．1分子のグルコースからは2分子のピルビン酸が産生されるため，クエン酸回路は2度回転する計算になる．したがって，1分子のグルコースからは，2分子のATP，6分子の二酸化炭素と8分子のNADH，2分子の$FADH_2$が生じる．

e．電子伝達系　NADHと$FADH_2$に受け渡されていた水素原子が，電子と**プロトン**（H^+）に分かれた後，電子はミトコンドリア内膜上に存在する**電子伝達系**に入る．この電子伝達系において電子が次々に酵素群に受け渡されていく間に，**酸化的リン酸化**反応が起こり，34分子のATPが生産される．

f．発酵と疲労　話は解糖系にまで戻る．解糖によりピルビン酸が生じても，酸素が不足した条件の下ではミトコンドリアでのATP産生経路に入らず，乳酸デヒドロゲナーゼの作用によって**乳酸**が生じる経路に入る（図3・19）．酵母が

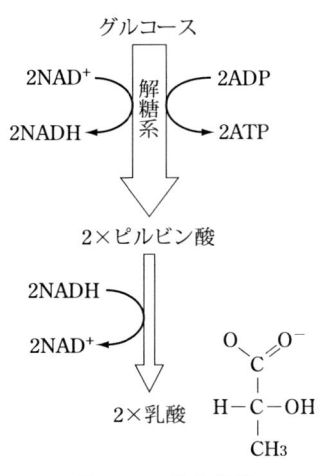

図3・19　乳酸発酵

行う乳酸発酵はこのステップを経る．過度の運動によって筋肉に疲労が蓄積するのは，解糖に酸素供給が間に合わず，乳酸が蓄積することが原因である．

3・4　植物の成り立ちと光合成

　私たち動物は**消費者**である．二酸化炭素など炭素の供給源から，新たに有機物（炭水化物）をつくり出す能力はもたない．この能力をもっているのは，光合成を行うことのできる生物である植物だけである．したがって，植物は**生産者**とよばれる．本節では，私たち動物に食料と，そして呼吸に必要な酸素を供給してくれている植物の成り立ちと，光合成の仕組みについて学ぶ．

(1) 植物の組織

　種子植物（裸子植物と被子植物）の基本的な構造は，根，茎，葉が存在することであり，こうした植物を**茎葉植物**という．一方，コケ類などは茎と葉の区別が存在せず，**葉状植物**という．ここでは，私たちに身近な茎葉植物の構造について学ぶ．

a. 表皮系　植物の組織は，表皮系，維管束系，基本組織系に大別される．**表皮系**は，植物の表面を覆う表皮と，表皮細胞が変形した根毛などの毛，そして**気孔**などから構成される（図 3・20）．気孔は，水分の**蒸散**やガス交換を行う，葉の裏表面に多く存在する穴であり，2 個の**孔辺細胞**によって形作られている．

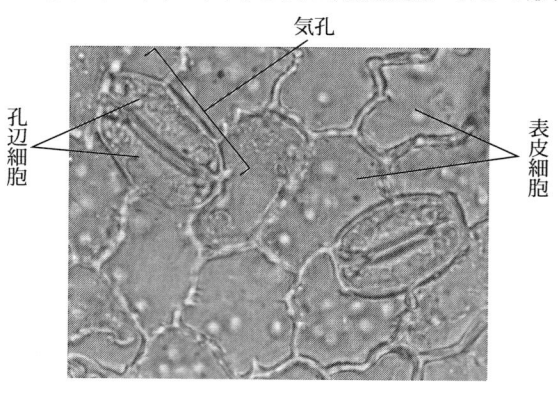

図 3・20　被子植物の葉(裏側)の表皮細胞

表皮の細胞の外側は固いクチクラ層で覆われ，気孔以外の部分からの水分の蒸散を防いでいる．**根毛**は，表皮細胞が変形した直径が数μmから十数μmという細い毛で，表面はクチクラで覆われず，地中の水分や栄養分を吸収する．根毛の細胞核は通常，その先端に近いところにある．

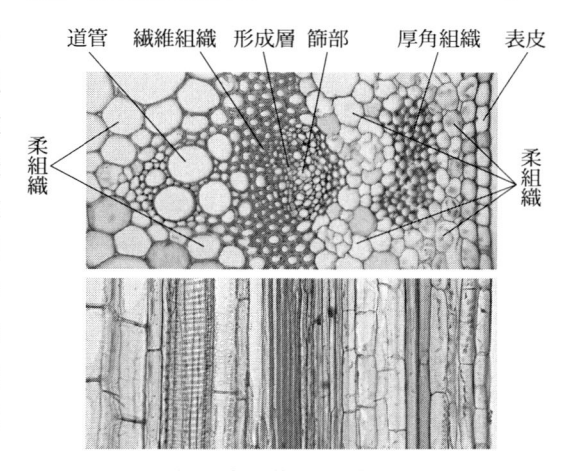

図3・21 シャク(セリ科)の茎の維管束とその周辺
（写真提供：福岡教育大学 福原達人）
上：横断面，下：縦断面．写真の右側が茎の外側にあたる．

b. 維管束系 維管束（系）は，植物体内での物質の移動と，植物体の支持を担う部分である（図3・21）．維管束をもつシダ植物以上の植物を**維管束植物**ともいう．維管束は木部と篩部に分けられる．**木部**は，道管，仮道管，木部繊維，そして木部柔組織から構成され，水分を運ぶ役割をもつ．**道管**は，道管細胞同士の上下の隔壁がなくなることにより形成される長い管である．**篩部**は，**篩管**，伴細胞，篩部繊維，そして篩部柔組織から構成され，光合成により生産された有機物質などを運ぶ役割をもつ．なお，裸子植物には道管，伴細胞などは存在しない．被子植物のうち，維管束の分布パターンが異なるものがある．単子葉類では散在しているのに対し，かつて双子葉類とよばれていた植物のほとんどでは環状に規則正しく並んでいる．その木部と篩部との間には細胞が活発に分裂する**形成層**がみられる．

c. 基本組織系 表皮系と維管束系を除く部分が**基本組織系**である．したがって，これには同化組織，貯蔵組織，

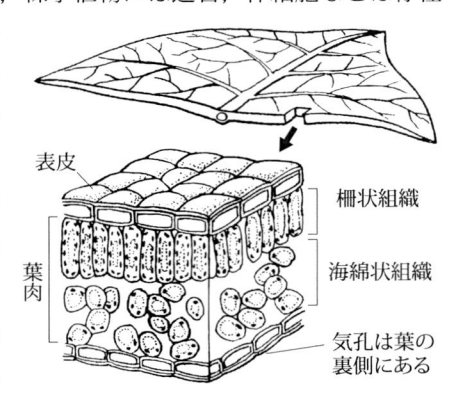

図3・22 葉の基本組織系

貯水組織など様々な組織が含まれる．葉の場合，表皮と葉脈を除く**葉肉**とよばれる部分がこれに当たり，**葉肉細胞**に存在する葉緑体によって光合成が活発に行われている（図3・22）．

(2) 植物の器官

植物の構造を組織ではなく器官としてみると，種子植物（あるいは維管束植物）は根，茎，葉という器官に大別される（図3・23）．

a. 根 根は植物体の支持と水分の吸収が主な働きであり，陸上植物の進化に伴って発達したと考えられている．根の先端は**根冠**とよばれ，それが覆う根端分裂組織では根の伸長のための細胞分裂が活発に行われている．先端から少し後方に，表皮細胞が変形した**根毛**がある．

b. 茎 茎は根とともに維管束植物における重要な器官であり，極性のある軸状構造を呈する．栄養物質の通過や植物体の支持などの働きをもつ．茎の先端を**茎頂**とよび，活発な細胞分裂が行われ，新しい茎と葉，そして生殖器官（花）の形成が行われる．

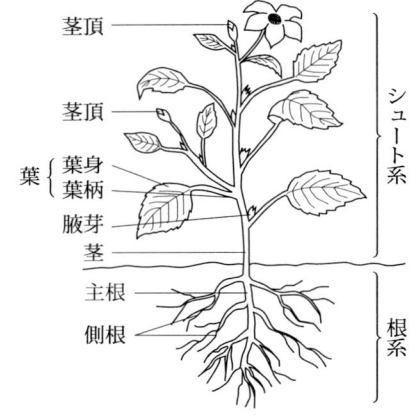

図3・23 植物の器官（キャンベル 2007を参考に作図）

c. 葉 葉は維管束植物において茎に側生する扁平な構造をした器官であり，発達した同化組織により光合成を行い，水分の蒸散，ガス交換といった活発な物質代謝を行う．**葉脈**は，葉の維管束系である．**葉肉**は，針葉樹などを除き，**柵状組織**と**海綿状組織**に分かれている（図3・22 参照）．また，葉は植物の種によって様々な形を有しており，分類学上，きわめて重要な器官でもある．

(3) 光合成の仕組み

「太陽の恵み」という言い方は，単なる比喩ではない．私たちが普段食べている食べ物は，まさしく「太陽の恵み」である．太陽の光エネルギーが光合成によって化学エネルギーに変換され，それによって栄養物質である炭水化物を

a. 光合成 光合成は，植物細胞に含まれる細胞内小器官である葉緑体で行われる，光エネルギーを利用して二酸化炭素（CO_2）と水（H_2O）から有機物を合成する反応である．葉緑体では，太陽からもたらされる光エネルギーを利用して，アデノシン三リン酸（ATP）と還元物質である NADPH によって二酸化炭素と水が還元され，グルコースが合成されている（図3・24）．

光エネルギーを吸収するのは，葉緑体のチラコイド膜に存在する**クロロフィル**という**光合成色素**である．クロロフィルが吸収することができるのは紫，青，赤の光であり，吸収されなかった残りの色を合わせると緑色になる．そのため，葉緑体を含む植物は緑色に見える．

b. 明反応 光合成では，太陽の光を必要とする反応と，必要としない反応が続けて起こる．このうち，太陽の光を必要とする反応を**明反応**という．クロロフィルに太陽の光が当たり，クロロフィルがこれを吸収すると，クロロフィル分子内の電子が励起されて飛び出す．この電子はチラコイド膜上に存在する電子伝達系に入り，そのエネルギーがチラコイド膜の**プロトンポンプ**を動かし，プロトン（H^+）をチラコイドの内腔へと輸送する．内腔のプロトン濃度が高まると，プロトンが **ATP 合成酵素**を介してチラコイド膜の外へと移動する．このとき，この ATP 合成酵素によって **ATP** が合成される．一方，電子伝達系を移動した電子は，$NADP^+$ へと受け渡され，還元型の **NADPH** を生成する．こうして生じた ATP と NADPH が，次に起こる暗反応において二酸化炭素を固定し，炭水化物を合成する際に使われる．

c. 暗反応 二酸化炭素を固定して炭水化物を合成する反応（**炭酸固定反応**）は，太

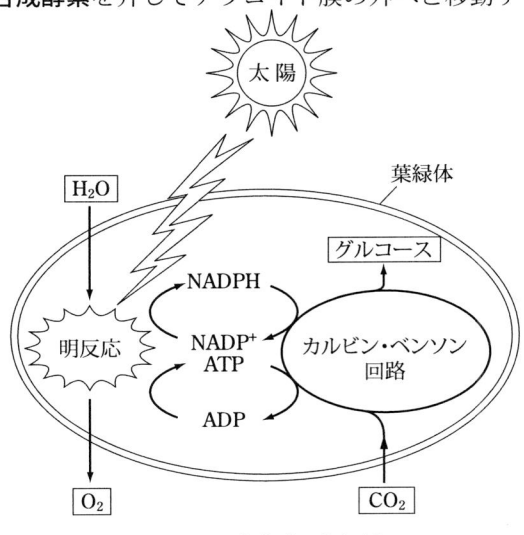

図3・24 光合成のあらまし

陽の光を必要としないため**暗反応**とよばれる．この反応は葉緑体の**ストロマ**で行われ，18分子のATPと12分子のNADPHを利用して，1分子のグルコースが合成される．反応では，リブロース二リン酸に二酸化炭素が結合し，2分子の3-ホスホグリセリン酸がつくられ，この物質からグルコースやデンプンなどが合成される．この炭酸固定反応は，反応産物同士が化合してふたたびリブロース二リン酸ができる"回路"となっており，発見者の名を冠して**カルビン・ベンソン回路**ともよばれる．

コラム 　食虫植物はなぜ虫を食べる必要があるか

植物といえば生産者，生産者といえば太陽の光エネルギーを利用して光合成を行い，有機物をつくり出す生物だ．そして，それを食べる消費者がいる．生産者は消費者に食べられるのが普通だが，面白いことに，生産者が消費者を食べるという"本末転倒"な振る舞いをする生物がいる．それが**食虫植物**だ．食虫植物は，昆虫などの小動物を独特の器官（**捕虫葉**など）を使って捕え，これを消化吸収し，養分の一部とする植物の総称である．その捕え方により，(1)陥穽型（ウツボカズラなど），(2) 粘毛型（モウセンゴケなど），(3) 嚢穽型（タヌキモなど），(4) 閉合型（ハエトリソウなど）の四つのタイプに分けられる（図3・25）．独立栄養生物であるはずの植物が，なぜ虫を捕らなければならないかといえば，おそらくその棲息環境が影響していると考えられている．通常，食虫植物が棲息する場所は，水中や沼沢地域など，窒素やリンなどが不足しがちな地域である．そのため彼らは，こうした不足しがちな栄養分を虫を捕らえることによって補う方向へと進化したと考えられている．ちなみに，食虫植物もきちんと光合成を行うので，炭素を主成分とする栄養分に関してはあくまでも「独立栄養」としての立場をキープしている．

図3・25　食虫植物（写真提供：京都府立植物園）
　上：ウツボカズラ科のネペンテス・ヴィーチー（*Nepenthes veitchii*），下：モウセンゴケ科のハエトリグサ（*Dionaea muscipula*）．

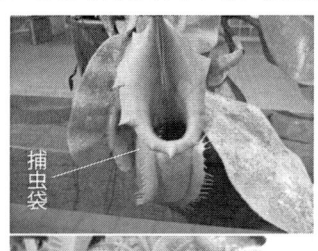

3・5 家畜と人間

　先進国に住むほとんどの人間，とりわけ都市部に住む人間にとって，食料は店で買うものである．今では東京などの大都市のみならず，かなり小さな町へ行ってもコンビニエンスストアがあり，24時間いつでも好きなときに食料を買い，食べることができるようになりつつある．つまり私たち人間は，食料というものが元々生きていた別の生物であったことを知る機会を失いつつあると言ってよい．本節では，人間が食べるために飼い慣らしてきた動物，家畜について学び，生きるために他の生物を犠牲にしている現実を再認識してもらいたいと思う．

(1) 他の生き物を殺すということ

　肉は，スーパーで売っている食品である．しかし，スライスされ，あるいは細切れにされてプラスチックトレイに乗せられる以前は，ある1匹の，それ自身が一所懸命に生きていたある生物体の一部だった．では，それがなぜスーパーで売られているのかと言えば，その生物は人間が食べるために殺されてしまったからに他ならない．

図3・26　人間と動物の食べ物の獲り方の違い

私たちは，他の生き物を殺し，その体の一部を毎日のように食べている．野生動物なら，他の生き物を殺すところから自分自身で行うはずである（図3・26）．ところが人間の場合，それは畜産農家もしくは食肉処理場においてなされるのみであり，一般の消費者が自らウシやブタを殺すことはない．これが，食料は店で買うものであって，他の生物を殺して手に入れるものではないと多くの人が思い込んでしまっている最大の理由であろう．

(2) 人間と生物の関係の歴史

a. 食物連鎖の一員として生きていた時代　狩猟採集の時代，人間は常に他の植物や動物との関わりの中で生きてきた．生物は，他の生物を食べることでしか生きることはできない．微生物は小さな動物に食べられ，小さな動物は大きな動物に食べられる．大きな動物は死んで後，微生物によって食べられ，分解される．人間は他の生物と同様に，自分たちの生活圏において他の生物を殺して食糧とし，あるいは植物の種や実を摘んで食糧としてきた．つまり大昔の人間は，こうした**食物連鎖**の一員として，自然の中で，生物の一種として，他の生物たちと共存して生きていたのである．

b. 他の生物をコントロールすることを見出した時代　他の生物を支配するという行為が最初に現れたのが，人間が**農耕牧畜**を行うようになった頃だろう．農耕は田畑を耕して作物を育てること，牧畜は牧場でウシ，ウマ，ヒツジなどの**家畜**を飼育し，繁殖させることである．つまり人間は，農耕によって食糧と

図3・27　人間が動物をコントロールする

する植物の命をコントロールし，牧畜によって同じく食糧とする動物の命をコントロールするようになった（図3・27）．

c. 完全に他の生物を「支配」する時代　やがて人間は，文明をつくり出し，学問を育てた．科学（Science）とは，本来その対象物を「知る」ことを意味する．人間は，自分たちが認識するものを観察し，「知り」，名前を与えることでこれを分類し，体系化することに成功した．これにより，身の回りの生物たちは，人間の「仲間」から「観察する対象」へ，そしてさらに，共存する相手から「支配する対象」へと変わってきた．そして，その支配の対象が最も顕在化し，高度な産業として成立したのが家畜産業なのである．

(3) 家　畜

家畜とは，生物学的な定義づけを試みると，「その生殖行動がヒトによってコントロールされている生物種」ということになる．ここでは私たちにとってきわめて身近な3種，ニワトリ，ブタ，ウシについて述べておこう．

a. ニワトリ　現在の産業家畜としてのニワトリには，卵をとるための産卵鶏(けい)と，肉をとるための肉用鶏があり，それぞれ様々な品種がある（図3・28）．

| 白色レグホン | ロードアイランドレッド | オーストラロープ |
| 軍鶏(しゃも)(中型) | 烏骨鶏(うこっけい) | 黄斑プリマスロック |

図3・28　ニワトリの様々な品種（いずれもオス）（写真提供：北海道立畜産試験場）

ニワトリの起源は，東南アジアかインドの**野鶏**であったとされる．日本へは，中国南部や東南アジアから，ほぼ稲作が渡来したのと同時期に渡来したらしい．平安時代までは放し飼いにされていた地鶏が主であったが，その後，様々な品種がつくり出されて飼育されるようになり，また愛玩，闘鶏用などとしても飼われるようになった（林 他 2002）．

b．ブタ 家畜として飼われている哺乳類の中で，最も肉の生産効率が高い家畜が**ブタ**である．ブタの起源はイノシシであるが，家畜化の過程でその体型はイノシシとは大きく変わっており，ブタはイノシシに比べて胴長で，肋骨の数まで変化している（イノシシは14対，ブタは16対）．世界でおよそ400〜500の品種が飼われているとされる．

c．ウシ ウシは**反芻動物**として知られる．ウシには四つの胃があり（図3・29），それぞれ役割を異にする．反芻胃には様々な微生物が棲息し，ウシが食べたものを発酵させる．また微生物は，窒素化合物を効率よく吸収させる作用をもつ．こうした性質により，反芻動物は草だけを食べていても，栄養分を非常に効率よく吸収し，さらに反芻胃に棲息する微生物に新たな栄養分をつくらせることにより，あれだけの大きな体を成長させ，維持させることが可能となっている．ウシが家畜としてこれだけ大きな産業をつくり上げたのには，こうした生物学的背景があると考えられる．

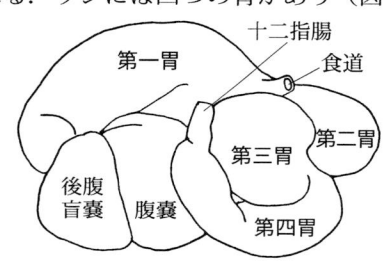

図3・29 ウシの反芻胃（加藤・山内 2003を参考に作図）

産業家畜としてのウシには，乳をとるための乳牛（図3・30）と，肉をとるための肉牛がある．ウシの起源は，ユーラシア大陸ならびに北アフリカに生息していた原牛である．紀元前3000年頃にはすでに家畜化されていたと考えられている（林 他 2002）．

図3・30 ミルキングパーラー（ロータリー）によるウシの搾乳
（写真提供：北海道留萌支庁農務課）

コラム　家畜とペット，人はなぜ一方を殺し，一方を慈しむのか

　人間が生殺与奪を握っている，いわゆる"支配している"生物には，大別して2種類のものがある．一方は本文でも述べた家畜であり，もう一方はペット（愛玩動物）である．医学・生命科学系の研究者が扱う実験動物は，ここでは一応家畜に分類しておこう．この両者の決定的な違いは何かといえば，家畜はほとんどの場合，飼い主によっていずれは殺され，私たちの食糧となるのに対して，ペットはけっして飼い主によって殺されることはなく，食糧になることもない，ということだろう．それでは，家畜となる動物とペットになる動物は，どの国でも決まっているのかといえば，じつはそうではなく，その国の文化的，宗教的背景と大きく関わっている．たとえばイヌは，日本ではほぼすべてがペットとして扱われるが，中国や韓国では食糧にもなる．イヌからすれば，中国や韓国ではなく日本で生まれた方がどうやら幸せ？のようであるが，結局のところペットも「人間の思い通りになる」という意味においては家畜と同様な立場にある．人間が，自分自身を養うための物質的な栄養分を吸収する対象が家畜であり，精神的な栄養分を吸収する対象がペットなのだ．ペットを飼うということもやはり，家畜を食べるのと同様，食物連鎖のトップに立つ人間の生物学的所作の一つであると言えなくもないのである．

練習問題

1) 身の回りで繰り広げられる食物連鎖の例を挙げよ．
2) 食物連鎖と食物網との違いについて説明せよ．
3) 炭素循環の全体像を図示せよ．
4) タンパク質の構造につき，一次構造から四次構造までを順序立てて説明せよ．
5) グルコースを構成単糖とする多糖類を挙げ，それぞれについて簡単に述べよ．
6) 小腸が吸収効率を上げるためにとっている方法について説明せよ．
7) 肝臓，膵臓，腎臓それぞれの代表的な機能について述べよ．
8) ピルビン酸と乳酸の関係について，疲労あるいは発酵の観点から述べよ．
9) 光合成の明反応とはどのような反応か．
10) 人間と家畜は今後，どのような関係にあるべきか，思うところを述べよ．

4 人間はなぜ子を産み，育てるのか

【本章を学ぶ目的】
　生物の生殖，子育ての仕組みとその意義を知ることで，人間にとって子育てがいかに大切であるかを再認識する．

4·1　性と生殖

　人間は一年を通じて交尾をする，きわめてユニークな生物である．生物にはたいてい，生殖のための周期が存在し，ある決まった時期にしか交尾をしないようになっている．果たして性ならびに生殖とはどのようなシステムであるのか．本節ではその基本的な仕組みについて学ぶ．

(1) 性とは何か

　多細胞生物は，体の中に特殊な細胞をつくり出し，この細胞を次世代の作成に用いている．それが**生殖細胞**である（図4·1）．

a. 生殖細胞　動物，植物を通じて，有性生殖を行うほぼすべての生物は，

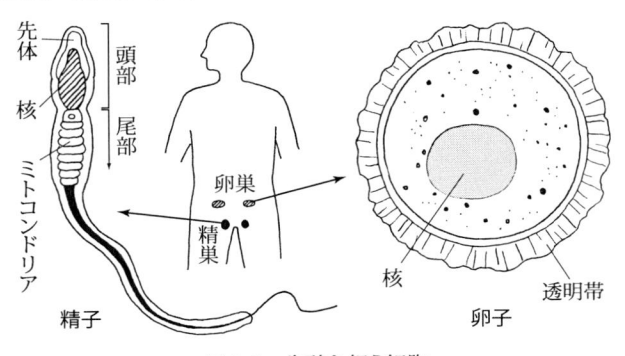

図4·1　生殖を担う細胞

その1個の個体あるいは別々の個体の中に，2種類の生殖細胞を有している．その2種類の生殖細胞は，**減数分裂**という特別な細胞分裂を行うことにより，2種類の配偶子をつくり出す．一方が卵子（**雌性配偶子**）で，もう一方が精子（**雄性配偶子**）である．

b. 性とは何か　性の生物学的な定義は，「細胞同士が接着することにより，遺伝子の組合せが変化する仕組み」であると言える．この，遺伝子の組合せを変えるための二つの細胞の接着を，私たち動物は卵子と精子の合体すなわち**受精**という形で行っている．なおこの定義では，**単細胞生物**における細胞同士の接着も，性という仕組みに含まれる．

通常，単細胞生物は**無性生殖**とよばれる方法で子孫を増やす．これは，生殖用の特別な細胞をつくらず，**分裂**や**出芽**によって子孫を増やす方法である．多くの細菌や原生動物は無性生殖を行い，通常**二分裂**によって増えるが，なかには一度に多数の細胞に分裂する**複分裂**を起こすものもいる．

これに対し，多細胞生物は通常，雌雄の配偶子を用いる**有性生殖**を行うが，単細胞生物の中にも有性生殖を行うものがいる（図4・2）．たとえば，原生動物の一種である繊毛虫類（ゾウリムシの仲間）は，ある特定の状態（飢餓状態など）に陥ると，性の違う2個の細胞同士が**接合**し，核の一部を交換しあ

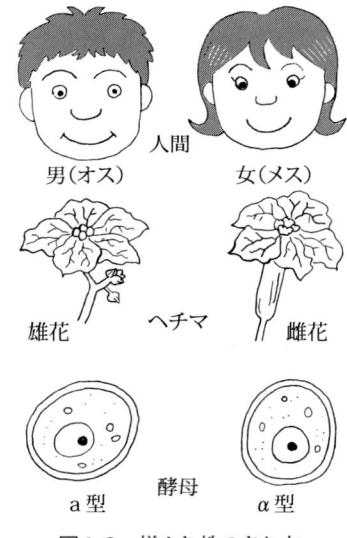

図4・2　様々な性のあり方

う有性生殖を行うことが知られている．この場合の性のことを**接合型**とよぶ．酵母にも接合型があり，出芽酵母（*Saccharomyces cerevisiae*）ではa型とα型に分けられる．

(2) 減数分裂と配偶子の形成

a. 複相と単相　私たちの体を構成する細胞のうち，生殖細胞以外のものを**体細胞**という．体細胞には，父親から受け継いだゲノム（**5・2**節(2)参照）と

母親から受け継いだゲノムが両方存在している．こうした状態を**複相**といい，ゲノムの1セットを「n」で表し，「$2n$」と表記する．一方，配偶子（卵子と精子）には体細胞とは異なり，ゲノムが1セットしか存在しない．これを**単相**といい，「n」と表記する．このように，その細胞にゲノムが何セット存在するかを表したものを**核相**という．

b. 減数分裂 生殖細胞のうち，配偶子を形成することになる初期の細胞（卵原細胞，精原細胞など）は$2n$だが，配偶子はnである．体細胞に見られる通常の細胞分裂では，$2n$の細胞から$2n$の細胞ができるが，配偶子の形成過程においては，$2n$の細胞からnの細胞がつくられる．この特殊な細胞分裂のことを**減数分裂**という（図4・3）．

c. 減数分裂の仕組み これから減数分裂を行おうとする$2n$の細胞のDNAが複製され，核相が$2n$から$4n$となると，この$4n$の細胞はそのまま第一減数分裂期に入る．**第一減数分裂**では，染色体が凝縮した後，細胞の赤道面に染

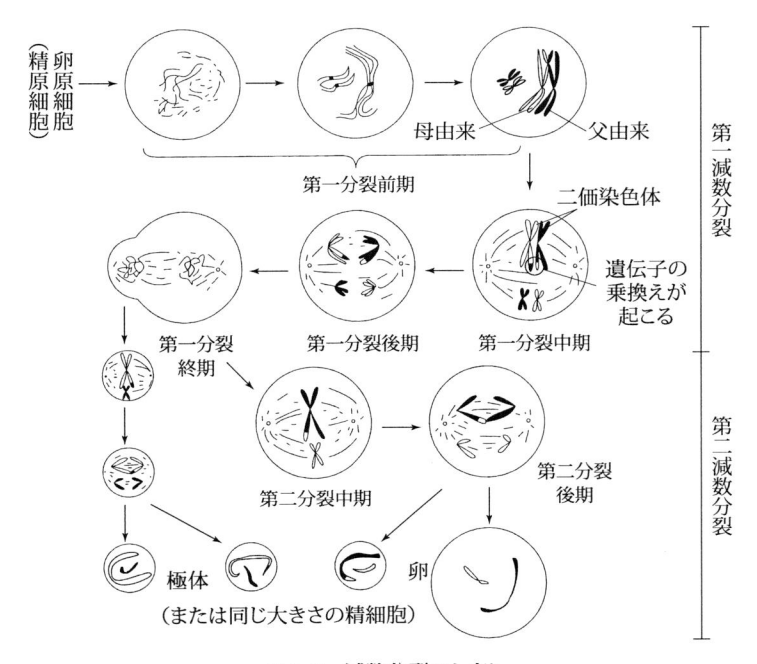

図4・3 減数分裂のしくみ

色体が整列する．このとき，両親由来の2本ずつの染色体（**相同染色体**）が**対合**し，**二価染色体**が形成される．このとき，この2本の染色体の間で**乗換え**が生じ，その一部が交換される．染色体が両極に引っ張られ，$2n$ の細胞が2個生じて第一減数分裂は終了する．細胞は引き続き**第二減数分裂**期に入り，染色体はそのまま，複製することなく両極へと引っ張られ，n の細胞が2個（合わせて4個）生じる．第一減数分裂時において乗換えが起こることにより，生じる4個の一倍体細胞の遺伝子組成は，少しずつ異なることになる．

d． 配偶子の形成　減数分裂は，卵原細胞から生じる**第一卵母細胞**，精原細胞から生じる**第一精母細胞**に起こる過程であるが，その様子は両者で異なる（図4・4）．

第一卵母細胞に起こる減数分裂は，分裂後の2個の細胞の形態が大きく異なる**不等分裂**である．すなわち，第一卵母細胞が第一減数分裂を行うと，第一卵母細胞とほぼ同じ大きさの第二卵母細胞と，それに比べて小さくほとんど核のみからなる第一極体に分かれる．続けて第二卵母細胞が第二減数分裂を行うと，**卵子**と，やはりきわめて小さい第二極体に分かれる．つまり，1個の第一卵母細胞からは1個の卵子しか形成されない．

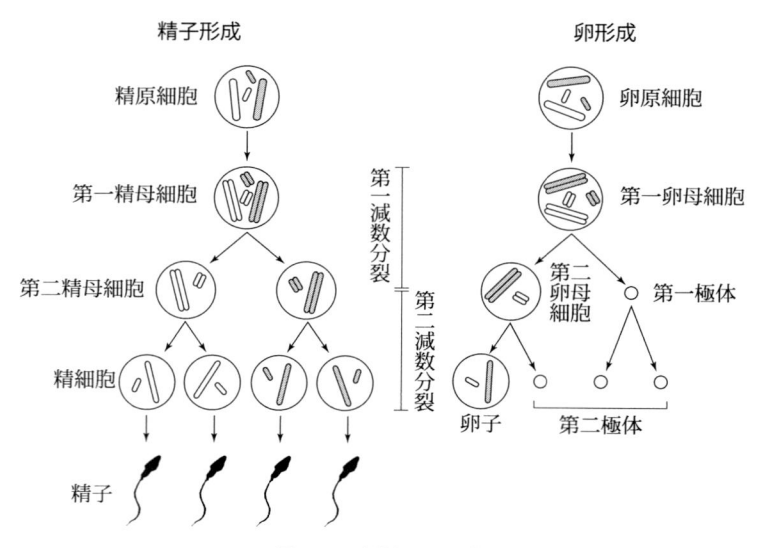

図4・4　配偶子の形成

一方,第一精母細胞に起こる減数分裂は,二度の分裂とも**均等分裂**であるため,一個の第一精母細胞から4個の**精細胞**が形成される.その後精細胞は,一連の分化過程を経て**精子**へと成熟する.

(3) 性の決定と性徴

私たち人間を含む多くの動物は,受精卵となった瞬間から,オス(男)になるかメス(女)になるかが決定される.

a. 性染色体 人間には46本の染色体がある.このうち44本は**常染色体**とよばれるもので,22本ずつ父親,母親から受け継いでおり,男でも女でも共通である.ところが,残り2本の構成が,男と女で異なっている.この2本を**性染色体**といい,**X染色体**と**Y染色体**の2種類がある(図4・5).男の細胞にはX染色体とY染色体が1本ずつ存在するが(XY),女の細胞にはX染色体だけが2本存在する(XX).

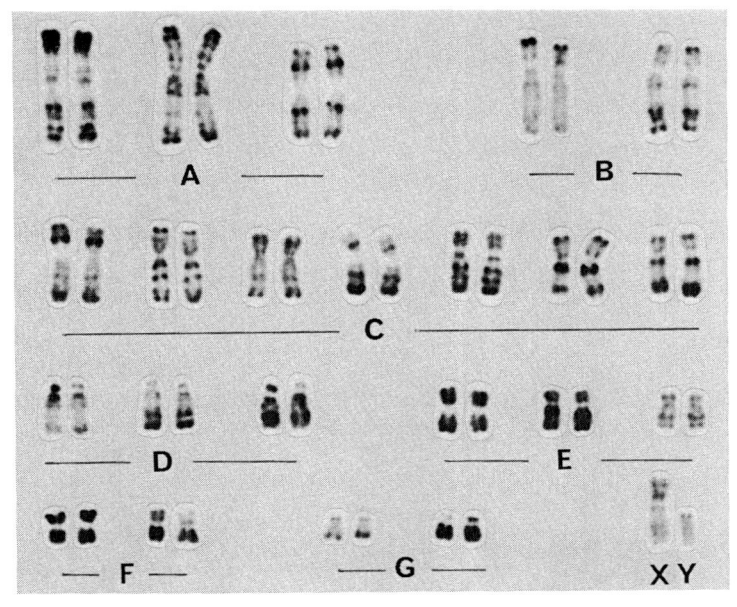

図4・5 ヒト(男性)白血球の分裂中期のR分染色体(写真提供:髙橋永一)
A〜Gは常染色体,XYは性染色体(女性ではXXとなる).

b. 遺伝子による性の決定　人間の基本的な構造はメス（女）であると言える．イブ（女）はアダム（男）から肋骨を1本取り除いてつくられたとされているが，実際には，「女は男からつくられる」のではなく，「男は女からつくられる」という言い方の方が真実に近い．男にしかないY染色体には，発生過程で女を「無理やり男にする」はたらきがあると考えられている．最近では，両者に共通に存在するX染色体にも性決定に重要な遺伝子が存在することが明らかとなっている．男の生殖細胞が減数分裂によって精子を形成する場合，性染色体に関してはX染色体をもつ精子とY染色体をもつ精子が作られる．一方，卵子はすべてX染色体をもっている．X染色体をもつ精子が受精すると，その受精卵はXXとなり，女になる．Y染色体をもつ精子が受精すると，その受精卵はXYとなり，男になる．

c. 環境による性の決定　多くの動物では，人間の場合と同じように，その受精卵がオスになるかメスになるかは遺伝子によって決められているが，なかにはそうではなく，環境によって性が決定される動物も存在する．ある種のワニやカメでは，卵が置かれた環境，たとえば卵が孵化する温度によって，オスになるかメスになるかが変わるといった事例がある．また，ボネリムシという海産無脊椎動物の一種などは，生まれたばかりの幼生はまだ性が決まっていない．メスの体の一部（吻）に付着したものだけが，すべてオスとなり，残りはすべてメスとなる．

d. 性の成熟 〜一次性徴と二次性徴〜　オスとメスの生殖巣そのものの特徴を**一次性徴**という．人間の場合，およそ10歳前後までは生殖器系は子どもの状態のままである．

10歳前後になると，男，女ともに，ホルモンによる体の変化が生じはじめ，生殖器系はやがて生殖可能なレベルにまで発達を始める．これを**二次性徴**といい，二次性徴が始まり，生殖が可能になる時期を**思春期**という．

4・2　受精は生物の一生で最大のイベント

一部の人間は，一夜の快楽のためだけに交尾をする．そして一部の人間は，その結果できた受精卵，そこからある程度胚発生した新しい命を，いとも簡単

に捨ててしまう．人間という生物にとって，精子と卵子が出会うイベントは，もはやその一生においてあまり重要なものではなくなっているようだ．しかしながら人間以外の他の生物にとっては，精子と卵子が出会う「受精」は，どんな苦難に耐えてでも成し遂げなければならない，一生で最大かつ最も重要なイベントなのである．

(1) 受精のために生きる

a. 受 精 繰り返しになるが，オスとメスをもつ生物の，その生涯における最大の目的は何かと問われれば，それは精子と卵子を出会わせ，次世代の子をつくることであると答えることができる．この，精子と卵子が出会い，二つのゲノムが混ぜ合わされる過程のことを**受精**という（図4·6）．生物は，この受精効率をいかにして上げるか，試行錯誤しながら進化してきたとも言える．

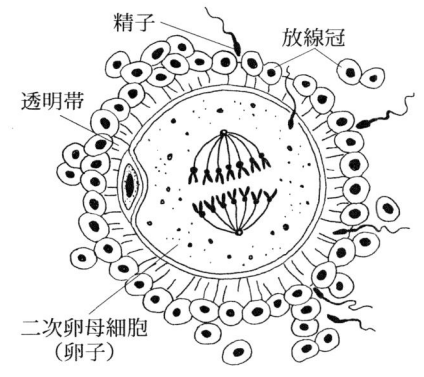

図4·6 受精の瞬間
（トートラ 2006を参考に作図）

b. 受精を達成するために最初にすべきこと 動物の場合，まず卵子と精子が出会うためには，それを保有する個体同士，すなわちメスとオスが何らかの方法で体を寄せ合う必要がある．動物たちはそのための様々な方法を，たとえばオスからメスへの求愛行動などの行動パターンとして進化させてきた．先ほども述べたように，人間の場合，求愛行動はややもすると交尾という行為そのものを目的としたものになる場合もあるが，そもそも動物の求愛行動とは，精子をいかにしてメスの体内に注入するか，もしくはいかにしてメスと一緒に放卵・放精してそれらを受精させるか，を目的としたものである．

c. 動物たちの戦略 オスとメスが体を近付け，そしてお互いに抵抗なく体を寄せ合うために，動物たちは様々な方法を身につけてきた．多くの脊椎動物には，その動作パターンとして**ディスプレイ**という方法がある（図4·7）．ディスプレイには威嚇を目的としたものや**求愛**を目的としたものなど，種によって，あるいは状況によって様々なものがあり，いずれも相手に自分を評価させるこ

図4・7 タンチョウの求愛ディスプレイ（写真提供：越智伸二）
オスとメスが向かいあい，飛び跳ねて鳴き交わしをする．

とで何らかの利益を得ようとする行動であると言える．求愛のディスプレイでは，体の彩色の豊かさを誇示したり，あるいはダンスをしてメスを惹きつけたりといった，異性間でのコミュニケーションをはかり，それによって交尾を達成しようとする．また威嚇のディスプレイでは，競争相手となるオスを排除することで，メスとの交尾の機会をより多く得ようとする．

また，ある種の生物は，**フェロモン**という化学物質を分泌し，これを利用する．とくに昆虫類において**性フェロモン**の研究は進んでいる．性フェロモンには，オスが生産してメスを惹きつけるものと，メスが生産してオスを惹きつけるものがある（図4・8）．

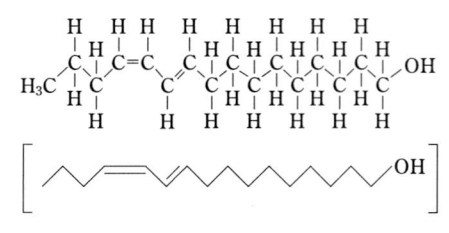

図4・8 カイコの性フェロモン（ボンビコール）

人間ではその戦略はとりわけ多様に分化しており，高度に発達した発声，あるいは手紙，電子メールといった方法でコミュニケーションを行い，さらに交尾の達成のため，様々な精神的肉体的アプローチによって異性の興味を惹き付けることが多い．

d. 植物たちの戦略 体を動かし，積極的に卵子と精子を出会わせることができる動物と違って，体を移動させることができない植物がとった方法は，自然環境や動物を利用して卵子と精子を近付けることであった．自然環境とはす

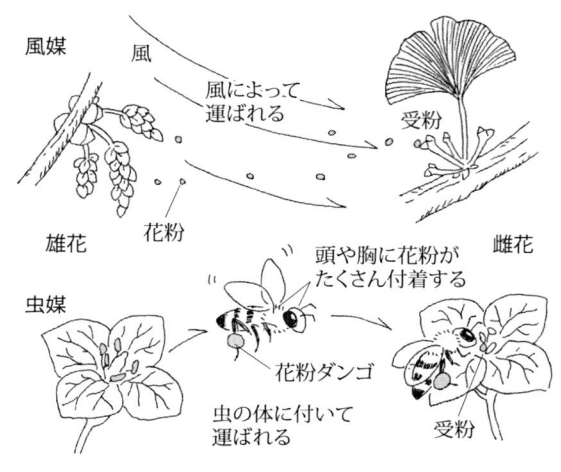

図4・9　風媒と虫媒

なわち風や水である．花粉が風に乗って飛び，遠く離れた雌しべに付着することで，受精の機会が得られる．私たちの多くは花粉症に悩むが，スギだって子孫を残さなければならない．そのための唯一の方法をとっているだけだと思えば，それほど腹は立たないだろう．このような方法を**風媒**という（図4・9上）．

しかし，気象の力だけではやはり限界もある．そこで植物は，昆虫を利用して花粉を運ばせるため，**花**という生殖器官を発達させた．花に甘い蜜を仕込んでおけば，それを餌とする昆虫がやってくる．昆虫が蜜を吸っている間に花粉が昆虫の体につく．その昆虫が，次に別の花のところへ行き，そこで蜜を吸っている間に，花粉が雌しべに付着する．こうして，植物は受精の機会を得るのである．このような方法を**虫媒**という（図4・9下）．

(2) 受精の方法

a. 体外受精　海や川など，水中生活をする動物のほとんどは，卵子と精子を水中に放出し（放卵，放精），水中で出会わせる**体外受精**を行う（図4・10右）．

b. 体内受精　一方，私たち人間のような陸上生活をする動物では，乾燥にさらされるため体外受精は無理である．そのかわり陸上動物は，**交尾**とよばれる方法によって，お互いの生殖口を密接させ，精子を直接メスの体内に送り込

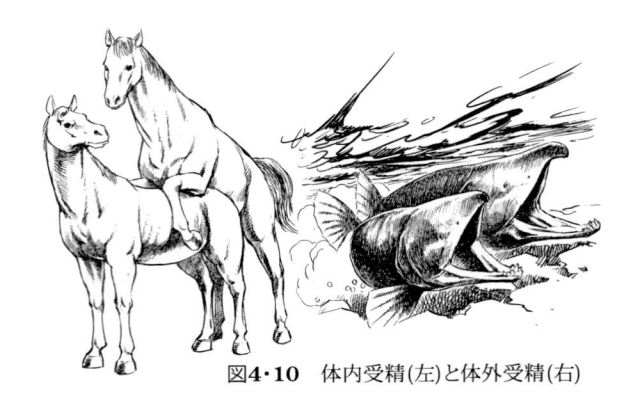

図4・10　体内受精(左)と体外受精(右)

む**体内受精**を行う（図4・10左）．哺乳類などではオスが発達した交尾器をもっており，これをメスの体内に挿入する．極端な場合では，オスの体がメスの体に同化してしまい，その中の精子がメスの体内に入って受精する場合もある．私たちヒトの場合，通常は交尾とは言わず，**性交**という．

c. 植物の受精　風媒または虫媒などによって運ばれた花粉は，雌しべの先端にある粘り気の強い**柱頭**に付着する．これを**受粉**という．受粉すると，花粉から**花粉管**とよばれる管が伸長しはじめ，やがてそれは**花柱**の中を通り抜けてその根元にある**胚嚢**へと達する（図4・11）．花粉は1個の生殖細胞であるから，その中には核（雄原核と花粉管核）が存在している．花粉の核（雄原核）は花

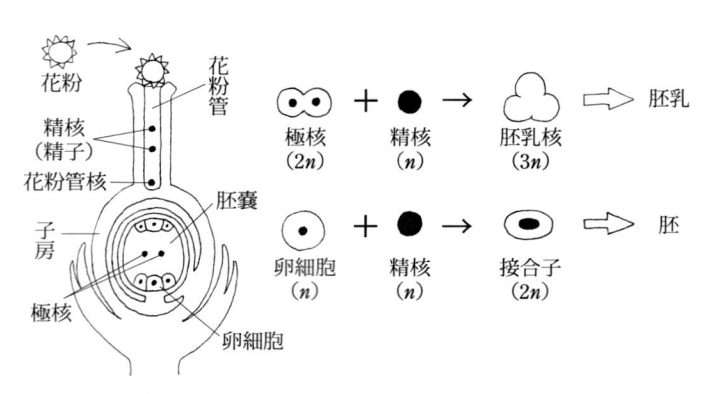

図4・11　重複受精
　　受精後，花粉管が伸び，2個の精核が子房中の胚嚢へと入っていく．

粉管へと移動していき，やがてそこで分裂して2個の**精核**となる．花粉管の先が胚嚢へ達すると，2個のうち一方の精核が胚嚢中の卵細胞に到達し，受精が行われて，それがやがて胚へと発生する．もう一方の精核は，胚嚢中に存在する2個の極核と一緒になり，胚の成長の栄養源となる**胚乳**を形成する．植物のもつこうした複雑な受精の仕組みのことを**重複受精**という（図4・11）．

> **コラム　子宮は精子を吸い上げる**
>
> 　子宮は，哺乳類において最も大切な器官の一つである．哺乳類以外の動物たちは，卵を外界に放出し，そこで胚発生を行わせるのに対し，哺乳類は卵の大きさをきわめて小さくし，体内で胚発生させて，ある程度育ってから外界に産出する．子宮はそのための重要な器官である．さてここでは，子どもを育てるという役割以前の，オスの精子を受け入れる時点にまで話を遡らせることにする．性交によって射精された精液は，子宮内に直接入ることはなく，子宮頸管の手前にある膣内に一時貯留され，いわゆる「精液プール」を形成する．子宮頸管はきわめて細く，かつ粘液によって充満し，複雑に入り組んでいるためである．子宮頸管の先（外子宮口）がこの精液プールに接すると，精液中の精子はそこから子宮頸管の中に吸い込まれるように侵入していくが，このとき，女性がオーガズムに達すると，子宮や膣がリズミカルに収縮し，子宮内部が引圧となって，精子がより効率よく子宮頸管に吸い込まれていくと考えられている．子宮は，精子をただ自動的に受け入れるのではなく，両者がオーガズムに達するような，つまり愛にあふれた性交を行ったときにはじめて，精子を受け入れる態勢を整えるのではないだろうか（ベイカー 1997，小原 2005）．

4・3　動物の社会と子育て

　私たち人間では，母親の胎内から生まれたばかりの子どもは，自力で生きていくことはできないし，立って歩くこともできない．自力で生きていくことができるようになるまでの間，親は子育てという行為を行わなければならない．本節では，動物の社会の成り立ちと子育てにつき，いくつかの動物の典型的な例について学ぶ．

(1) 群れ社会

動物の中には，ある一定の秩序のもとで，少なくとも一部で統一的な行動をとるような個体の集合体を形成するものがある．このような集合体を**群れ**といい，それが形成する秩序を**群れ社会**という．昆虫などの節足動物や，魚類や鳥類，哺乳類などの脊椎動物に多く見られる．

図4・12 ライオンの群れ（プライド）

a. 哺乳類の群れ社会 多くの哺乳類は，群れ社会をつくっている．広い草原に生息し，集団で狩りを行うイヌ科やネコ科の動物や，ニホンジカなどの草食性の有蹄類の多く，またコウモリなどの翼手類，そして霊長類の多くは群れ社会をつくることが知られている．動物たちが群れ社会を形成する利点には，①天敵から身を守りやすくなる，②群れで行う採食行動は単独で行うよりも有利となる，③群れの構成個体同士の相互刺激により，適応度が増す，といったものが挙げられる．③に関しては，たとえばコウモリは単独でいるよりも，群れとなって集団でいた方が体温を維持するのにエネルギー消費量が少なくてすむ，といった事例が知られている（三浦 1998）．

b. 群れ社会の維持 群れ社会の形成に不可欠な要素として，メンバー間での様々な**コミュニケーション**と，群れ社会内でのメンバー間の**順位**の成立が挙げられる．コミュニケーションは，音声や匂いなどを主とするが，ときに具体的な行動として現れる．**グルーミング**（毛づくろい，あるいは羽づくろい）は，鳥類から哺乳類まで幅広く知られるコミュニケーションの一つである（図4・13）．グルーミングには，仲間同士の連帯感の確認といった意味もあるが，順位の低いもの（弱いもの）が順位の高いもの（強いもの）に対して行うなど，個体間での順位の確認といった意味もあると考えられている．

図4・13 ニホンザルのグルーミング
（写真提供：嵐山モンキーパークいわたやま）

(2) 社会性動物

a. 社会性昆虫 シロアリ，アリ，スズメバチなど，集団生活を営み，その集団の中で役割分担などが発達した統一的な行動をとる昆虫を**社会性昆虫**という．社会性昆虫にみられる分業体制を**カスト制**といい，生殖カスト，労働カスト，兵隊カストなどに分かれる（図4・14）．アリ社会では，生殖カストは女王アリと雄アリ，労働カストは働きアリ，兵隊カストは兵隊アリという具合に区別されており，雄アリ以外はすべてメスである．

b. 真社会性 社会生物学者**ウィルソン**（E. O. Wilson, 1929～）が定義したように，本当の社会性（**真社会性**）とは，次の三つの要件を満たす社会を指す．すなわち，①両親以外に，子育てを専門とする個体が存在すること，②社会の中で2世代以上の世代が共存（重複）していること，そして③生殖を行わない個体が存在すること，の三点である．この定義で考えると，人間社会は①と③が当てはまるかどうか微妙であり，真社会性とは言えない可能性が高い．この定義にあて

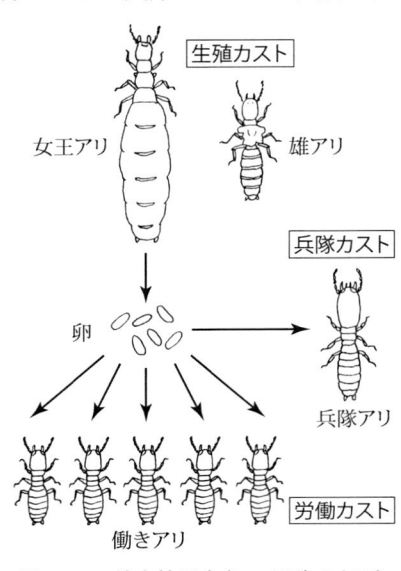

図4・14 社会性昆虫（シロアリ）のカスト

はまる生物としては、シロアリやミツバチなどの社会性昆虫のほか、哺乳類においては唯一、ハダカデバネズミが真社会性であることが知られている（図4・15）。

（3）親が子（卵）を守る

動物が、親として最も守らなければならないのは「卵」である。卵は自分で逃げることも泳ぐこともできないからだ。したがって、多くの動物にとって親の使命とは、いかにして卵を守るかであった。親が卵を守る行動は、多くの種で知られている。軟体動物に属するタコでは、メスが卵を飲まず食わずで守りつづけ、子ダコが孵化すると安心したかのように死ぬという、美談のような話がよく知られている。

産んだ卵を孵化するまで守るということは、卵の中では子が育っていることから、結局は子を育てていると言い換えることができる。しかし、卵から子が孵化した後も、子の養育を親が行うようになるのは、社会性昆虫などの昆虫類や脊椎動物が誕生してからであろう。

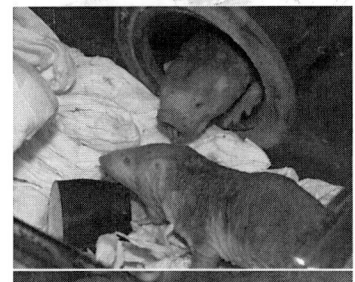

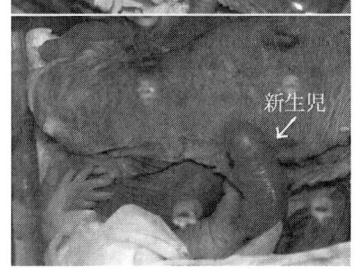

図4・15 ハダカデバネズミ（画像提供：埼玉県こども動物自然公園）
上：鼻から出ているように見える切歯、中：餌のサツマイモを食べる、下：女王と新生児。

それでは、なぜ人間を含めた一部の生物では、親が子を保護することが恒常的に行われるようになったのか。まず、親が子に比べてその体のサイズが大きいことは最低必要なことだが、これにはその生育場所が安定した棲みやすい場所であるかどうかが問題となる。こうした場所に生きる生物では、寿命が延びることが多くなる。その結果、子の成熟が遅れ、親が面倒を見なければならない期間が長くなる。1回に多くの子を産むのではなく、何回かにわたって少しずつ子を産む多数回繁殖でも、子を保護する方がその生存には有利となる。逆

に，ストレスが多く，厳しい環境に生息する場合も，親が子を保護する方が生存に有利となる．

(4) 節足動物の子育て

真社会性をもつ社会性昆虫における子育てはよく知られるが，社会性をもたない昆虫類などでも，子育てを行う種が知られている．昆虫類ではないが一部のクモ形類では，メスがその腹部に養育嚢をもち，その内側や外側周辺に，孵化したばかりの幼生をくっつけて保護することが知られている．また，甲虫の一つハネカクシ科のある種では，親が幼虫を穴の中で保護し，その穴の中に食料となる藻類などを備蓄して幼虫に与えたりする子育て行動が見られる（ウィルソン 1999）．

(5) 魚類の子育て

海に棲む生物のほとんどは，体外受精によって卵子と精子を出会わせ，受精させる．毎年川を遡上し，上流で放卵，放精してそのまま死んでしまうサケなどの生態がよく知られているため，魚類が子育てをすると言われても何となく違和感がある人が多いが，じつは魚類ではおよそ十数％の種で，子育てが行われている．とはいえ，子育てといってもその大部分は卵の保護であり，稚魚の養育を行う種は少ない．

魚類の子育てで興味深いのは，メスが行う場合よりオスが行う場合の方が多いという点である．イトヨのオスは，自分がつくった巣にメスに卵を産ませ，体外受精に及んだ後，その卵の養育に専念する．また，稚魚が孵化した後もその保護を行う．タツノオトシゴのオスは，その腹部に特殊な**育児嚢**をもち，メスがその中に卵を産み，卵はオスの育児嚢の中で孵化する（図4・16）．稚魚はしばらくの間育児嚢で過ごした後，オスの"出産行動"により海中へと飛び出す．

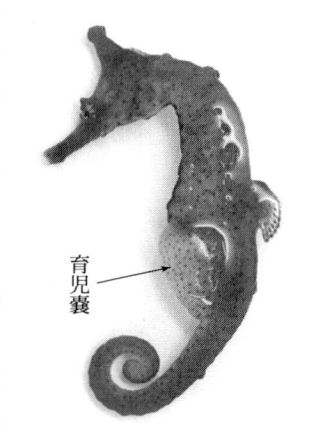

図4・16 タツノオトシゴの育児嚢（写真提供：千葉県立中央博物館分館海の博物館 川瀬裕司）

（6）鳥の子育て

鳥類では，その 90％以上の種で，オスとメスが共同で子育てに関わることが知られている．これには鳥類が棲息する環境が大きく関わっている．すなわち，餌の確保と捕食者からの防衛を両立させ，さらに同種からの攻撃，なわばりの防衛などの問題を抱えながら子育てを行わなければならない環境に置かれたとき，一方の親のみで子育てを行うより，両方の親が共同して子育てを行う方が明らかに有利だからである（小原 2005）．

（7）哺乳類の子育て

哺乳類は，子をメスが**母乳**によって養育するという特別なシステムをもっているため，ほとんどの種において，子育てはもっぱらメスが行う（図4・17）．その理由として，オスは乳をつくれないという生理的理由以外に，オスがメスと共同して子育てをすることが，メス単独での子育てに比べてそれほど有利にならないという理由が挙げられる．ほとんどの哺乳類は，メス単独でも十分子育てが可能である．しかし中には，プレーリーハタネズミなどのように，オスが積極的に子育てに参加するものや，コヨーテやリカオン，ジャッカルなどのように，両親以外の個体が**ヘルパー**として子育てに参加するものもいる．

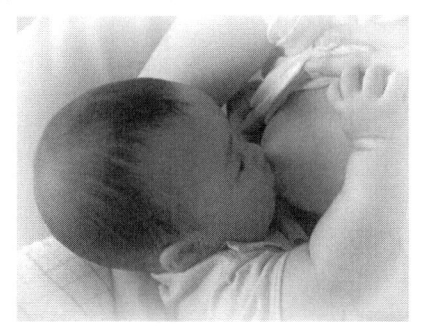

図4・17 母乳による子育て

コラム　ヒトの子育て

　　筆者は，昼間は社会人として働き，夜間に大学で講義を聞いて勉強している学生を相手に，生物学の講義をしている．ある講義のレポートで，「生物の一生で最も大切なことは，子どもをつくることであるが，人間社会では，子どもをつくらずに一生を終える個体が増えてきた．その理由を考えよ」という設問をしたところ，「自分の時間を大切にしたいと考えているから」，「子

次ページへ

> もを育てるのはお金がかかるから」という答えが大部分を占めた．中には，「自分と同じ顔つきをした人間がもう一人いるなんてゾッとするから」という回答もあったのには少なからず衝撃を受けた．筆者自身，現在2人の子育てに奮闘中である（もっとも実際に奮闘しているのは，もっぱら妻である）．長じるに従って子の顔つきが親に似てくることはよくあるが，それはあくまでも第三者から見た場合であって，自分の子どもに対して自分とまったく同じ，あたかもクローンがそこにいるかのように感じることはほとんどないだろう．学生たちの回答は，子育てに対する若者のイメージと世相を反映しているようで興味深いが，ある意味では深刻な問題も提示していることに気づく．どうやら，元来生物としてもっているはずの子育てのシステムは，人間が自らつくり出した社会の成り立ちと，それに影響を受けた思想的背景により妨害されているようだ．動物の社会は，その子育てに最適となるように進化したと考えてもよいが，人間の社会の場合は，どうやら子育てには適さない社会へと進化したようである．むしろそれは，退化と呼んでもいいかもしれない．

練習問題

1) 性の生物学的な定義を述べ，オス・メス以外の性について例を挙げて説明せよ．
2) 減数分裂と通常の分裂の違いについて説明せよ．
3) 減数分裂における卵子と精子の形成過程につき，その違いについて説明せよ．
4) 男女の性決定における性染色体の役割について説明せよ．
5) 受精に向けた動物の戦略のうち，求愛ディスプレイの一例を挙げよ．
6) 虫媒とは何かにつき，具体的な例を挙げて説明せよ．
7) 重複受精とは何か．
8) 動物が群れ社会を形成する利点を述べよ．
9) シロアリなどに見られるカストにつき，具体例を挙げて述べよ．
10) 動物の子育てと人間の子育ては何が違うのか，思うところを述べよ．

5 人間はどうやって生きているのか

【本章を学ぶ目的】
　人間を含め，すべての生物は細胞からできている．細胞は，遺伝子によってプログラムされた方法，材料によって生きている．遺伝子のはたらきを理解し，細胞がどのように生きているかを知ることで，私たち人間が生きているとはどういうことかを，生物学の視点から学ぶ．

5·1　細胞増殖の仕組み

　私たちはどうやって生きているのか．これを理解するためには，私たちの体の中でどのようなことが行われているのかを理解する必要がある．とりわけ生命の基本単位である細胞がどのように生きているのか，そしてその細胞を動かすための設計図はどのような構造をし，その設計図がどのようにはたらくことで私たちの体が維持されているのかを理解することが大切だ．

　そのためにまず本節では，生命の基本単位である細胞が，私たちの体の中でどのように生きているかを，その増殖（分裂）の視点から学ぶ．生物の三大特徴の一つは，子孫を残すことである．このことは，個体レベルだけではなく，細胞レベルでもあてはまる．

（1）細胞の増殖と細胞周期

　私たち人間は20歳の頃までは成長を続けるが，それ以降成長は止まり，あとは年老いて体が縮んでいくのを待つだけである．だがその，成長の止まった大人の体の中においても，成長を続けている組織や細胞はある．一例を挙げれば，髪の毛や爪は，大人になって以降も，おそらく死ぬまで伸び続ける．皮膚の表面からは毎日のように垢が出るが，これは角化した表皮細胞が古くなって

捨てられることによる．それに伴い，皮膚の内側に存在する基底層からは新しい表皮細胞が次々につくられつづけている（図5・1）．

a. なぜ細胞は分裂するのか 個体に寿命があるのと同じように，私たちの細胞にも寿命というものがある．私たちの体のほとんどすべての細胞には寿命があり，神経細胞や心筋細胞などの例外はあるが，死んでいく細胞を補うために，その細胞のもとになる母細胞あるいは幹細胞は，恒常的に分裂を繰り返している．

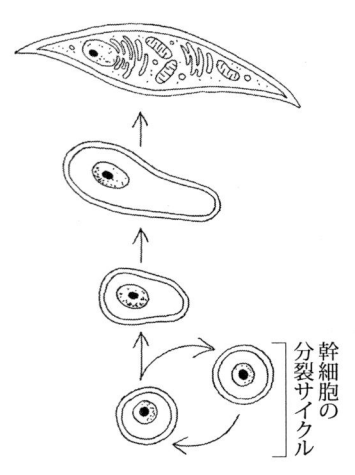

図5・1 幹細胞は常に分裂しつづけている

b. 分裂と増殖 繰り返しになるが，真核細胞であれ原核細胞であれ，それらに共通の性質は，物質代謝を行うこと，細胞膜で外界と隔てられていること，そして**増殖**することである．これは第1章の冒頭で述べた**生物の三大特徴**とほぼ重なっている重要な要素だ．単細胞生物は，環境さえ許せば，分裂を繰り返していけば次第にその数が増える「増殖」が見られるが，多細胞生物を構成する細胞の場合，**分裂**と増殖はイコールではない．なぜなら，多細胞生物の細胞，とりわけ母細胞や幹細胞は，繰り返し分裂は続けているが，その数は必ずしも増えるわけではないからである（図5・2）．

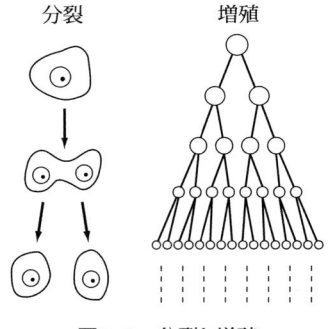

図5・2 分裂と増殖

c. 細胞周期 細胞分裂は，1個の細胞から2個あるいは複数の細胞が生じる過程であるが，分裂する前と後で，数が多くなるということ以外は細胞の性質，構造などは変化しない場合が多い．細胞はまず，DNA複製の準備をし，DNAを複製し，分裂の準備をし，そして分裂するというサイクルを回る．この細胞が分裂するサイクルのことを**細胞周期**という（図5・3）．

分裂をしていない細胞の状態をG_0期という．Gとは「ギャップ (gap)」のGである．外部から増殖シグナルが来ると，細胞はDNAを複製する準備に入

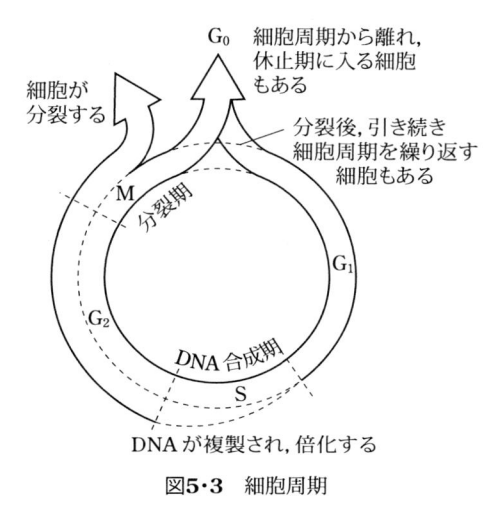

る．この時期を G_1 期という．続いて DNA が複製される時期である S 期，分裂準備の時期である G_2 期，そして分裂する時期である M 期を経て，細胞周期はふたたび元に戻る．このとき，G_0 期に戻るか G_1 期に戻るかは，細胞によって異なる．S 期の S は「合成(synthesis)」の S, M 期の M は「分裂 (mitosis)」の M である．

細胞周期は，**サイクリン依存性キナーゼ**（CDK）という酵素による**タンパク質リン酸化反応**によって厳密に制御されている．

図5・3 細胞周期

(2) DNA 複製の仕組み

地球上のすべての細胞は，**分裂**により増殖する．パン酵母などに代表される**出芽酵母**は，その名の通り，1 個の親細胞の一部がはみ出し，まるで芽が出るように子細胞が生じる**出芽**という特殊な方法で増殖するが，これも分裂の一つの形態である．

細胞の分裂は，大きく二つのステップに分かれる．まず，細胞の遺伝情報を担っている DNA が複製されること（**DNA 複製**），続いて，細胞全体が二つに分裂することである（**細胞分裂**）．

a. DNA の半保存的複製 DNA の複製は，**半保存的複製**とよばれる方法によって行われる（図 5・4）．これは，二重らせん構造を形成している DNA がまず 1 本ずつに分かれ，このそれ

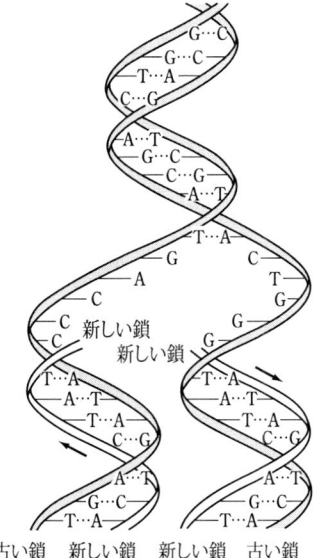

図5・4 DNAの半保存的複製
矢印は新しい鎖の合成方向を示す．

それを鋳型として新しいDNAが合成される，つまりできあがった二本鎖DNAのうち一方は鋳型（旧），もう一方が新しく合成されたもの（新）であることによる．この半保存的複製の仕組みは1958年，米国の2人の科学者**メセルソン**（M. S. Meselson, 1930～）と**スタール**（F. W. Stahl, 1929～）により明らかにされた．彼らが行った実験は，今日「メセルソンとスタールの実験」として高校の教科書でも紹介される，画期的かつ分子生物学史上最も美しい実験として知られる．

b. リーディング鎖とラギング鎖　DNAには $5' \to 3'$ の方向性があり（後述），逆の方向を向いた2本のDNA鎖が抱き合って，DNAの二本鎖を形成している．DNAを合成する**DNAポリメラーゼ**は，$5' \to 3'$ の方向にしか新生DNAを合成できない．したがって，二本鎖のうち一方は，二本鎖の開裂に従って新生

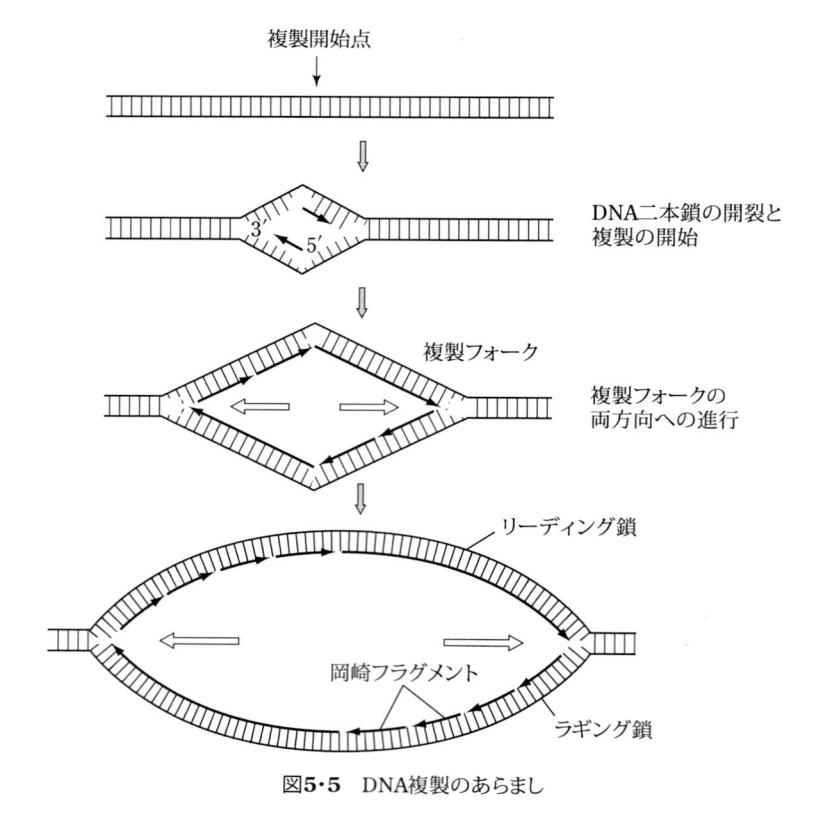

図5・5　DNA複製のあらまし

DNAを合成できるが，もう一方は逆向きに，短いDNAを断片的に合成しなければならない．前者のDNA鎖を**リーディング鎖（先行鎖）**，後者のDNA鎖を**ラギング鎖（遅延鎖）**という（図5・5）．

c. DNAポリメラーゼと岡崎フラグメント　DNA複製に先立って，人間の場合1個の核当たり4万箇所程度存在すると考えられている**複製開始点**には，DNA二本鎖を解きほぐす**DNAヘリカーゼ**やDNAポリメラーゼなど様々な複製関連タンパク質が集まってくる．DNAヘリカーゼが，ATPのエネルギーを使ってDNA二本鎖を開裂させると，DNAポリメラーゼの一つに付随している**プライマーゼ**が，**プライマー**とよばれる短いRNA断片を，リーディング鎖，ラギング鎖の両方に合成する．リーディング鎖では，このRNA断片に続いて，短いDNAが合成された後，DNAポリメラーゼが別の種類のDNAポリメラーゼに切り替わり，二本鎖の開裂に従ってDNAを合成していく．一方，ラギング鎖では，同じようにRNA断片に続いて短いDNAが合成された後，DNAポリメラーゼがやはり別のものに切り替わり，二本鎖の開裂とは逆の方向に，200～300塩基ほどのDNAを合成する．こうして合成されるDNA断片を，発見者である**岡崎令治**（1930～1975）の名を冠して**岡崎フラグメント**という．ラギング鎖では，この岡崎フラグメントが不連続的に合成されていくことで，リーディング鎖ならびに二本鎖の開裂と整合性をもったDNA合成が進行していく．

(3) 細胞分裂の仕組み（図5・6）

a. 凝縮した中期染色体の出現（前期）　DNAがすべて複製されると，次に起こるのはそのDNA（正確には染色体）が高度に凝縮する現象である．1個の細胞核に含まれるDNAの総延長は2mにもなるため，これがほどけた状態では，効率よく二つに分配することができない．DNAとヒストンの複合体である**クロマチン**は，間期においてもある程度折りたたまれているが，分裂に先立ってさらに秩序正しく凝縮し，人間の場合は46本の**中期染色体**となり，光学顕微鏡で観察できるようになる．

b. 中心体の両極への移動（前期～前中期）　**中心体**は，動物細胞に存在する微小管の形成中心となる構造体であり，通常，1対の**中心小体**からなる．こ

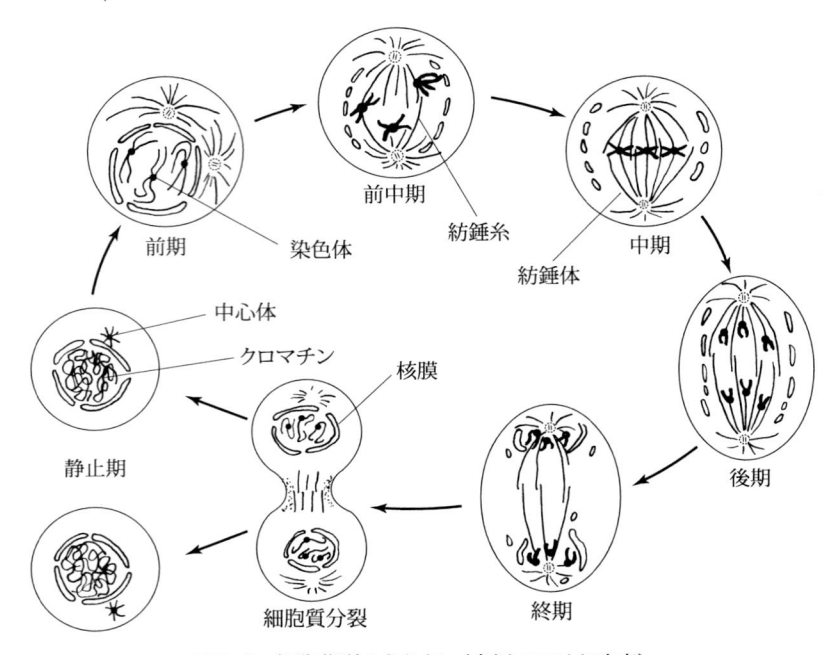

図5・6 細胞分裂のあらまし（赤坂 2000より改変）

の1対の中心小体は，お互いに90度の角度でずれて対峙している．それぞれの中心小体は，G_1期からG_2期の間に複製され，2対の中心小体が生じている．やがて，M期における前期から前中期に，それぞれが両極に移動して，紡錘体の形成の中心となる．

c. 染色体の配列と紡錘体の形成（前中期〜中期） この頃になると，両極に移動した中心体から，静止期に細胞骨格を形成していた繊維である**微小管**が伸びはじめる．核膜は消失し，やがて微小管の一部が染色体に取り付き，そこで**動原体**とよばれる構造を形成する．中期には染色体は細胞のほぼ中央に配列し，中心体から伸びた微小管の束とともに**紡錘体**とよばれる特徴的な構造をつくる．

d. 染色体の分配（後期） 細胞の中央に配列した染色体は，やがて微小管と，**モータータンパク質**とよばれる微小管上を移動するタンパク質のはたらきによって両極に引っ張られる．

e. 核膜の形成（終期） 消失した核膜は，実際には核膜を構成する脂質二重膜が細かい小胞に分散した状態になっている．両極に引っ張られた染色体の周囲に，この細かく分散した小胞が再構成されるようにして核膜が形成される．

f. 細胞質分裂 核膜が形成される前後になると，細胞の真ん中あたりがくびれはじめる．やがて，そのくびれが完全に細胞質を二等分し，細胞が2個にわかれる．この過程を**細胞質分裂**という．動物細胞の場合，アクチンフィラメントが関与する収縮メカニズムによって細胞がくびれ，最終的には餅が引きちぎれるようにして全体が分裂する．一方，植物細胞の場合，細胞の赤道面に**隔壁（細胞板）**が生じ，これが成長して細胞を2個に区切るという方法が取られる．この隔壁は，細胞膜と同様に脂質二重膜からなる小胞が集まって形成される．

（4）細胞骨格とモータータンパク質

上で述べたように，細胞分裂には微小管とよばれる細胞骨格の一種が重要なはたらきをしている．

a. 細胞骨格 私たち脊椎動物に骨格が存在するように，生命の基本単位である細胞にも"骨格"が存在する．ところがこの骨格は，私たちの骨が完全に固形化し，体を支えたり内臓を保護したりする"ハードウェア"と化しているのに対し，じつは細胞の構造を支えるだけでなく，細胞内での物質の運搬，細胞の運動，そして細胞の分裂といった動的活動を担う，じつに柔軟性に富む"ソフトウェア"としての役割も担っている．これを**細胞骨格**という（図5・7）．

細胞骨格には大きくわけて3種類の系統がある．

一つはアクチンを主体とする骨格系で**マイクロフィラメント**とよばれる．アクチン分子がミオシン分子とともに筋原線維を形成し，筋肉の収縮に関与していることからもわかるとおり，マイクロフィラメントは細胞自身の運動能力の獲得に重要な役割を果たし，か

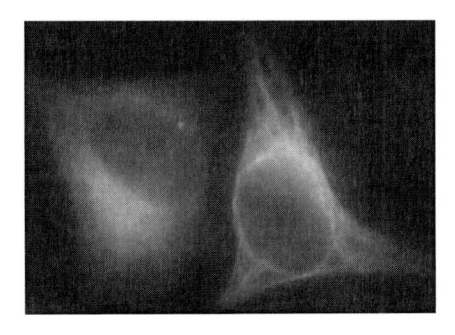

図5・7 細胞骨格
ヒトHeLa細胞の微小管を特殊な試薬で染めたもの．細胞質全体に張りめぐらされているのがわかる．

つまた細胞間接着に伴う識別能力にも重要な役割を果たしている.

二つ目の細胞骨格系は**微小管**であり，細胞分裂の際には分裂装置として活躍するが，これについては次項で詳しく述べる.

三つ目は**中間径フィラメント**とよばれるもので，マイクロフィラメントと微小管が単一もしくは二量体のタンパク質の重合体であるのに対し，こちらは多様なタンパク質の重合体として存在している．核に見られる**ラミン**，筋細胞の**デスミン**，上皮細胞の**ケラチン**などが，こうした骨格系を構成するタンパク質として知られている.

b. 微小管とチューブリン 微小管は，真核細胞の細胞質中に多く見られる直径24nm（1nmは100万分の1mm）程度の細い管で，細胞の運動にも関与する．とりわけ，細胞分裂の際に**紡錘糸**を形成し，染色体を両極へ分配する装置としてはたらく．また，細胞分裂の際に重要な役割を果たす**中心小体**は，中心小管と言われる2本の微小管と，それを取り囲むように配置された9対の二重微小管からできている.

微小管は**チューブリン**とよばれる二量体（αチューブリンとβチューブリン）からなるタンパク質が高度に重合したもので，チューブリンが連続的に重合することで微小管は伸展する．逆に，チューブリンが微小管の末端から脱重合することにより微小管は短くなる．微小管は静的なものではなく，チューブリンの重合と脱重合のバランスによって一定に保たれ，もしくはそのどちらかが過剰になることにより，進展したり短縮したりする動的なものである（図5・8）.

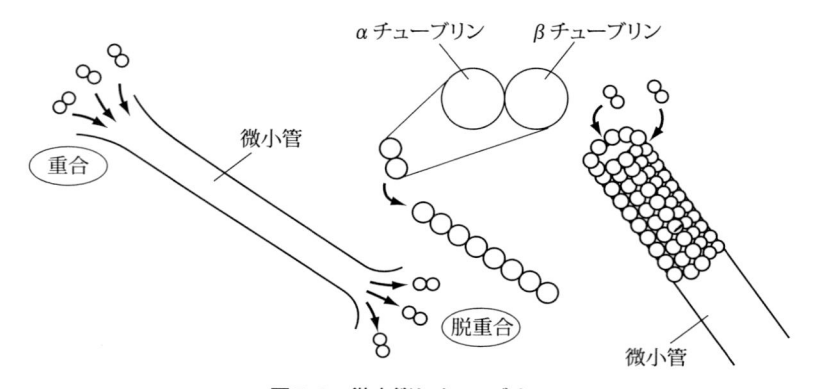

図5・8 微小管とチューブリン

> **コラム** 　**1年前のあなたの体と，今日のあなたの体**
>
> 　体中で，細胞の増殖が毎日のように繰り返されていることを，私たちは日常，そんなに感覚的に感じることはない．唯一感じられるのは，毎日のように抜ける頭髪を眺め，「ああ今日も毛根の細胞が死んだのだなあ」と感慨にふける程度のことだろう．頭髪は，1か月におよそ1cmずつ伸びるから，短髪の人ならば，その髪の毛がすっかり入れ替わるのに数か月とはかからないが，長髪の，腰くらいまであるような人の髪の毛なら，完全に入れ替わるのにどれだけかかるかわからない．ところが，髪の毛は細胞ではなく，細胞がつくり出したタンパク質の束である．細胞なら，入れ替わるのにどれくらいかかるだろうか．実際，皮膚の細胞は，基底層に存在する基底細胞がどんどん新しい細胞をつくり出し，だんだん皮膚の表面の方に形態を変えながら移動して，最後には垢となって脱落していく．この周期（ターンオーバー）がおよそ40日から50日である．つまり，少なくとも私たちの皮膚は，2か月前のものとはすっかり入れ替わっている．同様のことは，他の多くの組織でも言える．では，細胞が入れ替わらない神経組織や心臓はどうだろう？　細胞は，生きている限り，物質代謝を繰り返している．細胞を構成する成分も寿命があるため，常に古いものは壊され，新しく合成されるか，栄養として取り入れられた物質によって入れ替わっている．おそらく1年前のあなたの体と今日のあなたの体は，そのすべての物質が完全に入れ替わっているのである．それなのに，1年前のあなたと今日のあなたは同じ「あなた」という人間だ．物理的存在としてのあなたの体を構成する物質は完全に入れ替わっているのに，どうして「あなた」だけは不変なのだろうか？

5・2　遺伝子とは何か

　細胞の分裂に先立ち，ほぼ例外なくその中に含まれるDNAの複製が行われる．なぜDNAは，細胞が分裂するに先立って複製されなければならないのだろうか．これを知るためには「遺伝子」について学ばなければならない．すでに人口に膾炙されている「遺伝子」とは，そもそも物質的にはどういうものなのだろうか．本節では，遺伝という現象と遺伝子の実体，そしてそれが私たち

の細胞の中でどのようにはたらいているのか，その仕組みについて学ぶ．

（1） メンデルの遺伝の法則と染色体

親と子が似る原因について，これまで様々な研究がなされてきた．家畜や栽培作物の形質が世代を通じて受け継がれていくことが，有史以前から経験的に知られていたのは農業の分野であった．**品種改良**は，親の世代から子の世代に，農業にとって有用な形質を残しながら，より人間に有利な形質をもたらすことを目的として，昔から行われてきたことであり，これは遺伝という概念が，その言葉自体はまだなかったにせよ，大昔から人間たちの間で"理解"されていたことを示している．

a. メンデルが発見した法則 オーストリアの修道士**メンデル**（G. J. Mendel, 1822〜1884）が，修道院の庭で栽培したエンドウの交配実験を行い，その成果を「雑種植物の研究」として世間に発表したのは 1865 年のことである．メンデルが発見したのは，植物の形質が親から子へと遺伝するための基本的ないくつかの法則であり，現在**メンデルの法則**とよばれている．

メンデルの法則は，**優劣（優性）の法則**，**分離の法則**，そして**独立の法則**という三つの基本法則より成る（図 5・9）．メンデルの法則を学ぶのに大切な概念が**対立遺伝子**，そして**対立形質**である．

b. 対立遺伝子と対立形質 私たちの細胞には，同じ遺伝子が 2 個ずつある．すなわち母親に由来する遺伝子と，父親に由来する遺伝子である．この両者がまったく同じである場合，これを**ホモ接合体**という．中には，どちらかの遺伝子に変異が入っている場合もあり，これを**ヘテロ接合体**という．メンデルがエンドウの交配実験で指標にした，豆に皺があるか滑らかであるかという形質の場合，ある遺伝子 A が正常であればその豆は滑らかだが，その遺伝子 A に変異が入ると（遺伝子 a）豆に皺がよる．こうした場合，遺伝子 A と遺伝子 a の関係を**対立遺伝子**といい，それぞれの対立遺伝子によりもたらされる，豆が滑らかか皺があるかという形質のことを**対立形質**という．この場合，AA と aa がホモ接合体，Aa がヘテロ接合体である．

c. 優劣の法則 優劣の法則とは，雑種第 1 代（F_1）において，対立形質のうち一方のみが発現し，もう一方は発現しないという法則である．上で述べた

5・2 遺伝子とは何か

図5・9 メンデルの法則

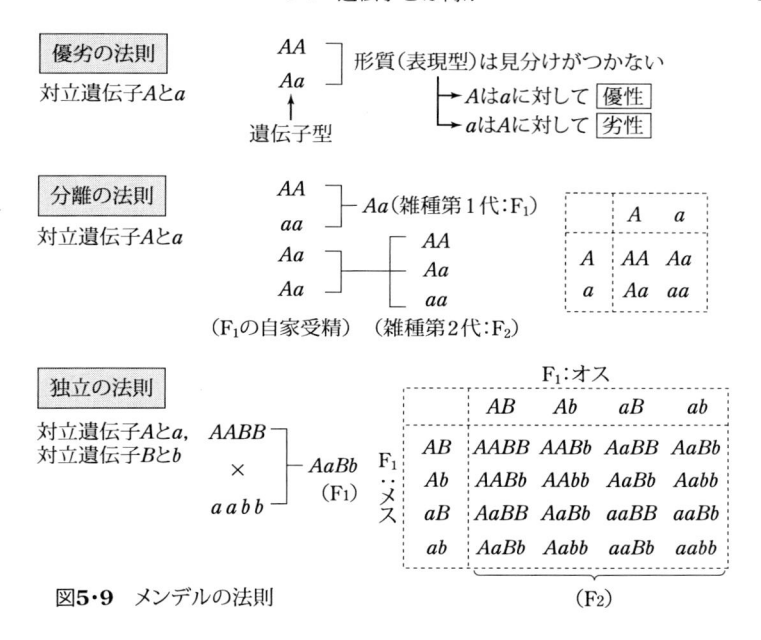

二つの対立遺伝子 A と a，そしてそれが発現した対立形質である「滑らか」「皺がある」について言えば，ヘテロ接合体である Aa では，必ず「滑らか」という形質のみが発現する．A が a に対して優性だからである．

d. 分離の法則 分離の法則とは，1対の対立遺伝子が，雑種第1代においても融合することなく別々の配偶子に分かれるという法則である．

e. 独立の法則 独立の法則とは，2対以上の対立遺伝子が配偶子に分配される際，お互いに独立して組み合わさるという法則である．

f. メンデルの法則の再発見 メンデルがこれら遺伝の法則を発見して発表したときには，あまりにも先駆的な業績は得てして認められないという"法則"通り，ほとんど専門家の間では無視された．メンデルが専門家ではない"アマチュア"であったことも無関係ではなかっただろう．メンデルの法則が再発見されたのは，メンデルの死後16年も経過した1900年のことである．メンデルの業績は，ド・フリース（H. de Vries, 1848～1935），コレンス（C. E. Correns, 1864～1933），チェルマク（E. S. Tschermak, 1871～1962）という3人の生物学者によって再発見され，新たな論文として発表された．

g. 染色体研究 主に DNA とヒストン（後述）から成るクロマチンは，細胞分裂に先立ってさらに小さく凝縮して厚みを増し，光学顕微鏡レベルでも観察可能になる．これを**染色体**（中期染色体）という．染色体はスイスの生物学者**ネーゲリ**（C. W. von Nägeli, 1817～1891）によって初めて観察され，塩基性色素によく染まる物体であることから 1888 年，ギリシャ語で「colored body」を意味する「chromosome（染色体）」と名付けられた．現在では，間期の凝縮していないクロマチンのことも染色体と呼び慣わしている．アメリカの遺伝学者**モーガン**（T. H. Morgan, 1866～1945．図 5・10a）は，キイロショウジョウバエを用いた研究を行い，遺伝における**連鎖**を発見し，ショウジョウバエの**染色体地図**を完成させた（図 5・10b）．またモーガンは，メンデルの遺伝要素が染色体上に配列していることを明らかにし，**遺伝の染色体説**を確立した．

図 5・10a　モーガン

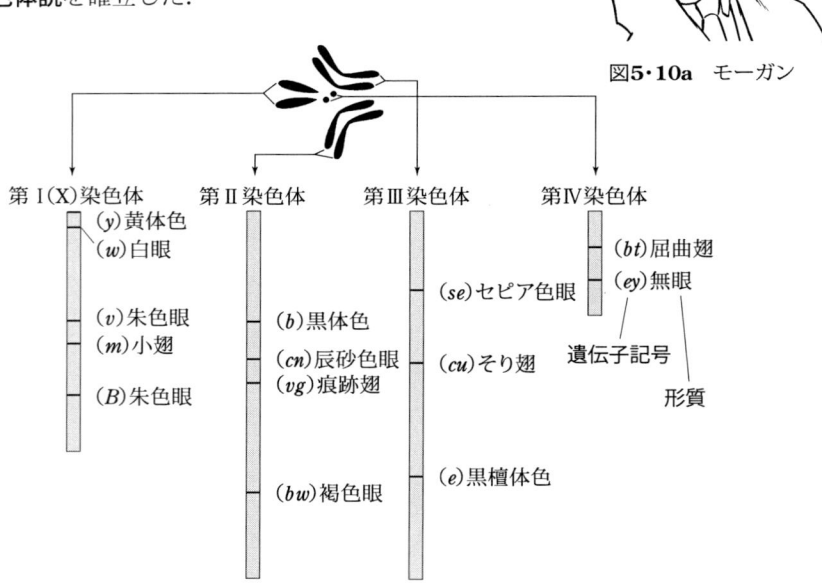

図 5・10b　キイロショウジョウバエの染色体地図

(2) 遺伝子とDNA

a. 遺伝子の正体はDNA 一部のウイルスを除けば,地球上のすべての生物の**遺伝子の正体はDNA**である.遺伝子とは,その生物の遺伝形質を決定する因子のことである.具体的には,タンパク質の情報すなわちアミノ酸の配列順序を決定するDNA上の塩基配列,およびRNAの配列を決定するDNA上の塩基配列を指す.

b. 遺伝子とゲノム 真核生物においては,すべてのDNAが遺伝子として機能するわけではない.生物のDNAの全塩基配列(すなわち全遺伝情報)のことを**ゲノム**という(図5・11).両親からそれぞれDNAを受け継いでいる場合,ゲノムは各細胞に2セットずつ存在する.これまでに,ショウジョウバエ,シロイヌナズナ,線虫など,いくつかの生物種についてそのゲノムが解読され,2003年には,私たち人間のゲノム(**ヒトゲノム**;ヒトのDNAの全塩基配列)がすべて解読された.

ゲノムは,DNAの全塩基配列であるから,タンパク質の情報をもつ遺伝子としての意味をもつ塩基配列はそのうちのごくわずかであり,私たちヒトで約2%でしかない.残りの98%のうち大部分は,RNAとして転写される部分や,テロメアやミニサテライトなど様々な**反復配列**などから成り立っている.

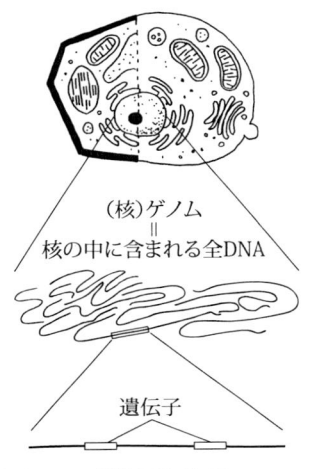

図5・11 遺伝子とゲノム
多くの生物では,全ゲノムのうちタンパク質の情報をもつ遺伝子の割合はごくわずかである.

c. DNAが複製しなければならない理由 遺伝子がDNA上にある以上,どの細胞にもDNAは存在している必要がある.なぜならば遺伝子とはタンパク質やRNAの設計図であり,タンパク質はどの細胞にとってもその構造と機能に大切だからである.タンパク質の寿命は短いため,細胞の中では常にタンパク質の新陳代謝が行われる.したがってその都度,タンパク質は遺伝子からつくられつづけなければならない.このため,DNAは細胞の分裂に先立って複製し,生じるそれぞれの細胞に受け継がれなければならないのである.

(3) ヌクレオソームとクロマチン

a. ヒストンとヌクレオソーム 通常，DNAは細胞内では**ヒストン**とよばれる核タンパク質と複合体を形成して存在している．ヒストンにはH1，H2A，H2B，H3，H4の5種類があり，H2AからH4までの4種類が2個ずつ，計8個のヒストンがまとまって，それをDNA線維が2周弱とりまいている．この構造を**ヌクレオソーム**という（図5・12）．

b. クロマチン DNA全体を見ると，このヌクレオソーム構造が数珠のように数多くつながり，らせん形に幾重も重なるような構造をしているのがわかる．このようなDNAとヒストンの複合体を染色質（**クロマチン**）とよび，これにより長大なDNAが核内にコンパクトに収納できるようになっている．また，ヒストンH1Aは，ヌクレオソーム構造がらせん形に折り重なるのに必要なタンパク質である．

c. 核内でのクロマチンの状態 クロマチンは，細胞の核内ですべて同じような条件の下に，同じような格好で存在しているわけではない．クロマチンの構造は，遺伝子の発現と密接な関係にある．クロマチンの中には，遺伝子発現の活発な領域と，活発でない領域がある．前者を**ユークロマチン**，後者を**ヘテ**

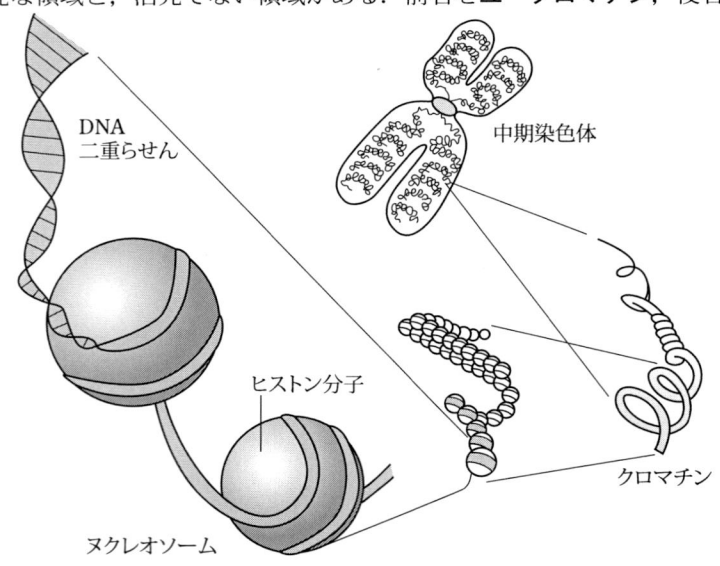

図5・12 染色体とヌクレオソームの構造（赤坂 2000などより改変）

ロクロマチンといい，後者の方がより高度に凝縮されている．ヒストンの**アセチル化**や DNA の**メチル化**が，これらクロマチンの状態に関与している．

> **コラム** 利己的な遺伝子
>
> 　　　　自然選択の単位が遺伝子であると仮定すると，より多くの進化的，あるいは動物行動学的現象が理解される．こう考えたのはイギリスの動物行動学者**ドーキンス**（R. Dawkins, 1941～）である．自然選択（自然淘汰(とうた)）とはそもそも，集団中の個体間において形質などに違いがみられ，その違いと個体間の適応度の違いが相関し，それが世代を通じて遺伝する場合に生じるものだが，ドーキンスは，個体にとって有利である場合に自然選択がはたらいて進化したのではなく，生物にその性質をもたらす「遺伝子」の生存にとって有利であるから進化したのだと説いた．1976 年，ドーキンスは生物進化に関するこうした遺伝子からの視点を比喩(ひゆ)的に「**利己的な遺伝子**（The selfish gene）」と表現し，生物学界に新風を巻き起こした（図 5・13）．ドーキンスの提唱は，分子遺伝学と生物進化との間の溝を埋めることにある程度成功したと言ってよいが，その一方でこの表現だけが一人歩きして，遺伝子は自分の保身のために宿主を利用しているに過ぎないといった，SF 紛(まが)いの誤解をも生むことになったのは惜しいことである．
>
> **図 5・13**　ドーキンスとその著書『The Selfish Gene』（Oxford Univ. Press, 1989）

5・3　DNA と RNA

遺伝情報を担う DNA は，複製することによって細胞から細胞へ，親から子へと受け継がれる性質をもつ．しかし，DNA だけがあっても生物は生命活動を行えない．DNA とよく似た物質である RNA の存在なしには，遺伝子は遺伝

子としての機能を発揮できないし，細胞は生きていくことができない．

(1) 核酸の発見と，その研究史

a. 核酸の発見　世界で最初に核酸が発見されたのは，1869年のことである．スイスの生化学者ミーシャー（J. F. Miescher, 1844〜1895. 図5・14）は，病院から手に入れた患者の包帯に付着した膿から，これまでにない新しい物質を単離した．その物質には，それまで生体物質としては知られていなかったリン（P）が含まれていた．白血球の核から見つかったことから，ミーシャーはこの物質を「ヌクレイン」と名付けた．この名は，1889年にはドイツの細胞学者

図5・14　ミーシャー

アルトマン（R. Altmann, 1852〜1900）によって「核酸」という名前に改められ，1909年と1929年に，アメリカのレヴィーン（P. Levene, 1869〜1940）によって現在のRNA，DNAがそれぞれ見つけられた．しかし，これらの核酸が細胞の中でどういう役割を果たしているのかについては，なかなか明らかにされなかった．

b. 遺伝子がDNAであることの証明　1928年のイギリスの細菌学者グリフィス（F. Griffith, 1881〜1941）の形質転換実験をもとに，アメリカの細菌学者エーヴリー（O. T. Avery, 1877〜1955. 図5・15a）が肺炎双球菌を用いた形質転換実験を行い，形質転換を起こさせる物質，つまり**遺伝情報**を担っている物質が核酸の一種であるDNAであることを明らかにしたのは，核酸の発見から75年も経過した1944年のことであった（図5・15b）．

さらに1952年，**ハーシェイ**（A. D. Hershey, 1908〜1997）と**チェイス**（M. Chase, 1927〜2003）の明快な実験により，タンパク質とDNAのうちDNAのみが，後世代のファージ（細菌に感染するウイルス）に受け継がれることが明らかとなり，遺伝情報を担うのがDNAであることが完全に証明された．

図5・15a　エーヴリー

図5·15b　エーヴリーの実験
エーヴリーは，DNAにR型菌をS型菌に形質転換させる能力があることを発見した．

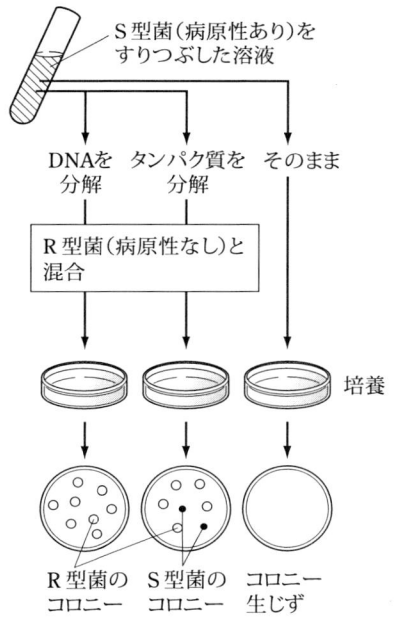

図5·16　DNAの二重らせん構造（画像提供：伊藤康友）
左：棒球モデル，右：空間充填モデル．

c. DNAの構造の解明　1953年，アメリカの生物学者**ワトソン**（J. D. Watson, 1928～）とイギリスの生物物理学者**クリック**（F. H. C. Crick, 1916～2004）により，DNAが**二重らせん**構造（図5·16）をとっていること，アデニンとチミン，グアニンがシトシンと水素結合によってペアをつくり，この相補的な関係（あるいは**相補性**）によって，DNAはまったく同じ分子を**複製**によってつくり出せることが明らかとなった．

(2) ヌクレオチドと核酸

a. ヌクレオチド　塩基と糖が，N-グリコシド結合によりつながった化合物を**ヌクレオシド**といい，その糖の部分がリン酸エステルになっている化合物を**ヌクレオチド**という（図5·17）．ヌクレオチドのうち，糖

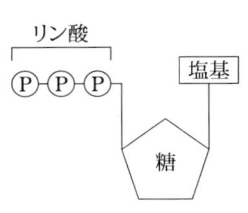

図5·17　ヌクレオチドの構造

がD-リボースであるものを**リボヌクレオチド**，D-2′-デオキシリボースであるものを**デオキシリボヌクレオチド**という．ヌクレオチドのうち，塩基がプリン塩基もしくはピリミジン塩基であるものは**核酸**の構成単位となり，リボヌクレオチドはRNA（リボ核酸）の，デオキシリボヌクレオチドはDNA（デオキシリボ核酸）の構成単位となる．

b. 塩 基 DNA，RNAを構成するヌクレオチドのプリン塩基には**アデニン**（A），**グアニン**（G）が，ピリミジン塩基には**シトシン**（C），**チミン**（T），そして**ウラシル**（U）が含まれる（図5・18）．このうちチミンはDNAで，ウラシルはRNAでそれぞれ用いられるが，チミンもウラシルも，ともにアデニンと相補的なペアを形成する．

c. 核酸分子の方向性 核酸は，ヌクレオチド同士がリン酸と糖のホスホジエステル結合によって長く結合したものである．このとき，ヌクレオチドの配列には方向性ができる．糖の5′位の炭素で終わる末端を**5′末端**，糖の3′位の炭素で終わる末端を**3′末端**という．DNAは，DNAポリメラーゼにより必ず5′→3′の方向に合成される．

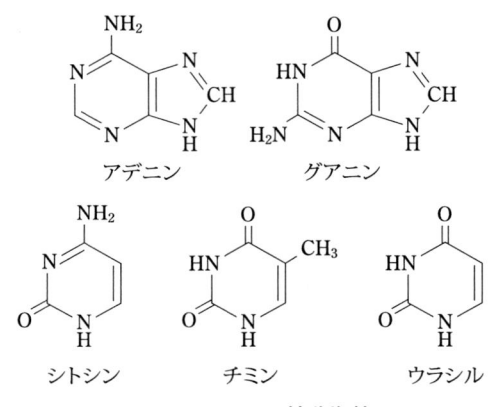

図5・18 五つの核酸塩基

d. 相補性 DNAは，こうした方向性をもつ2本のDNA一本鎖が逆の方向を向き，各ヌクレオチドの塩基を介して向き合った形で**二重らせん**構造を形成している（図5・19）．このとき，2本のDNA鎖の塩基と塩基は，ゆるい水素結合によって結ばれているが，アデニンに対してはチミン，グアニンに対してはシトシンという具合に，結びつく相手の塩基は決まっている．核酸塩基のもつこのような排他的な性質のことを**相補性**という．アデニンとチミン，グアニンとシトシンが，DNA中に等量ずつ存在していることは，ワトソンとクリックによる二重らせん構造の発見に先立つ1950年に，**シャルガフ**（E. Chargaff, 1905～2002）によって発見された．これを**シャルガフの法則**という．

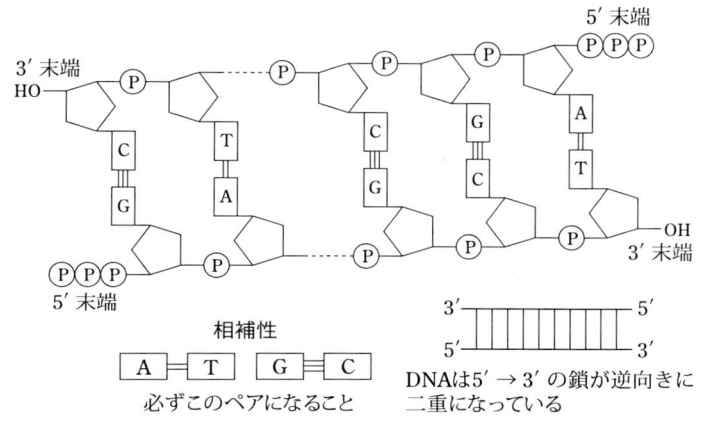

図5・19 DNAの相補性と5′→3′の方向性

(3) DNA と RNA の立体構造

構成単位であるヌクレオチドの違いと，そのヌクレオチドの構成塩基であるチミン，ウラシルの違い以外に，DNA と RNA には立体構造上の大きな違いがある．それは，DNA はほぼ例外なく 2 本の DNA 鎖が，塩基同士の**水素結合**を介して**相補的**に結合し，二重らせん構造をとっているのに対し，RNA はその多くが一本鎖のままで存在していることである．そのかわり RNA には，同一分子内に存在する相補的な塩基配列同士で分子内結合し，様々な**二次構造**，そして立体的な**三次構造**をとる能力が備わっている（図 5・20）．

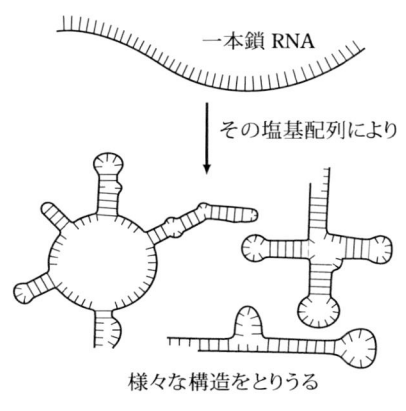

図5・20 RNA が一本鎖であることの利点

(4) RNA の種類

RNA には，生体内における役割が異なる様々な"分子種"が存在する．これは，前項で述べた通り，RNA の多くが一本鎖のまま存在し，様々な二次構造，三次構造をとることと関係している．

a. mRNA mRNA（メッセンジャー RNA）は，DNA 上のタンパク質をコードする遺伝子を鋳型として RNA ポリメラーゼによって合成される分子である．その塩基配列は遺伝子のそれと同一（チミン：T がウラシル：U になっていることを除く）であり（図5・21），この塩基配列情報がリボソームで読み取られ，アミノ酸の重合が行われてタンパク質が合成される．

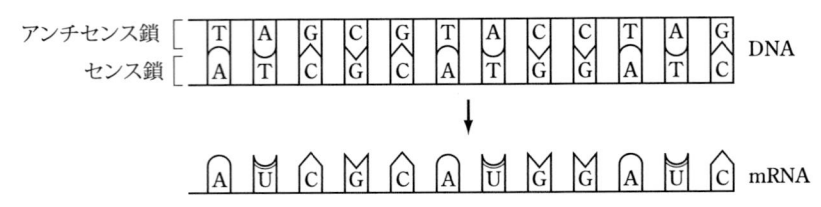

図5・21 mRNA
mRNAはDNAの二本鎖のうちアンチセンス鎖を鋳型として写し取られる．

b. tRNA tRNA（トランスファー RNA，転移 RNA．図5・22）は，タンパク質を合成しているリボソームにアミノ酸を運び，伸展しつつある**ポリペプチド鎖**にアミノ酸を受け渡す役割をもつ RNA である．tRNA の 3′ 末端には，アミノ酸が一つ結合する（**アミノアシル化**）．ある1種類の tRNA は，1種類のアミノ酸しか結合しない．リボソームでは，この tRNA に結合したアミノ酸を材料として，タンパク質が合成される．

c. rRNA rRNA（リボソーム RNA．図5・23）は，リボソームの重要な構成

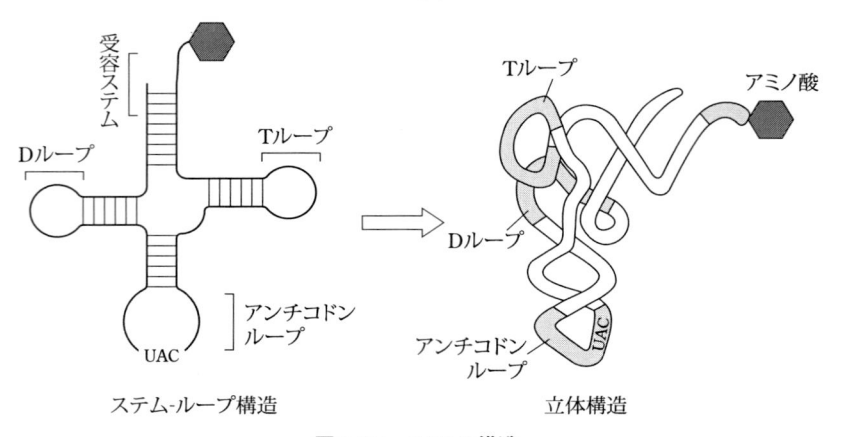

図5・22 tRNAの構造

因子であり，私たち真核細胞では，リボソームの大サブユニットに3種類，小サブユニットに1種類のrRNAが存在する．一方，原核細胞では，大サブユニットに2種類，小サブユニットに1種類のrRNAが存在する．一部のrRNAはリボザイム（5・5節(3)参照）としてはたらき，アミノ酸とアミノ酸を結合させる**ペプチド転移反応**の触媒になると考えられている．またrRNAは，tRNAやmRNAの位置を決定し，効率のよいタンパク質合成の手助けをする．

d. 新たなRNA分子 20世紀の末から21世紀にかけて，これら3種類の"古典的な"RNA以外にも，様々なRNAが細胞内で機能していることが明らかとなってきた．その大部分は**低分子RNA**とよばれるもので，mRNAやrRNAよりもはるかに短いRNA分子である．これら低分子RNAは，遺伝子発現の調節や翻訳の調節など，生命現象にとって重要な機能を果たしていると考えられているが，まだその全体像に関しては多くの謎が残っている．**miRNA（マイクロRNA）**，**siRNA（低分子干渉RNA）**などが知られている．

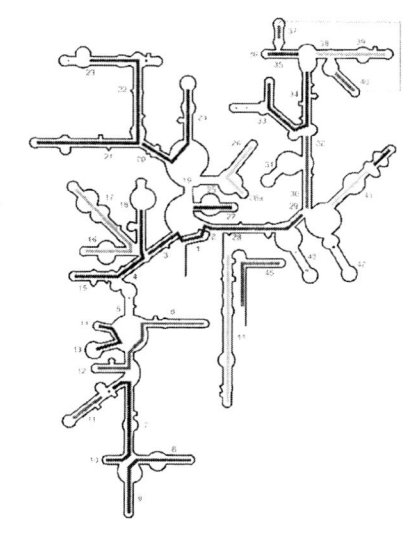

図5・23　16S rRNA（Noller 2005より）

e. 大きく広がるRNAの世界 2005年，林崎良英（1957〜）らによりマウスゲノムの70％がRNAに転写されていることが明らかになった．それまで，ゲノムのほとんどは「ジャンク（がらくた）」，すなわちタンパク質やRNA（これまで知られていたRNA）の遺伝子以外の部分はほとんど何の意味もない部分であると考えられていた．ところが，その大部分がRNAに転写されていることがわかると，RNAという「もう一つの核酸」が俄然注目を集めることになった．現在の分子生物学はRNA研究によって支えられていると言っても過言ではないほど，RNA研究はこれまでに見ない活況を呈している．本書では，その詳細についてご紹介することはしないが，改訂版を出す機会があれば，おそらく新たな進展をご紹介できると思われる．

コラム　RNAワールド

　最初から地球上にDNAがあったわけではない．ある時期，何らかのメカニズムによって，DNAが誕生したのは間違いないが，それでは，それまではどうだったかと言えば，RNAが生命世界を"牛耳っていた"と考える方がいろいろと説明がつきやすいという考え方がある．この，地球史のかなり初期に存在していたRNAの生命世界のことを**RNAワールド**という．この名前は，核酸の塩基配列決定法の開発によってノーベル賞を受賞した分子生物学者ギルバート（W. Gilbert, 1932～）によって1986年に与えられた．DNAより先にRNAがあったと考えられる情況証拠はいくつかある．①DNAの材料であるデオキシリボヌクレオチドは，RNAの材料であるリボヌクレオチドから合成される，②RNAにはタンパク質と同様，触媒活性をもつ能力がある，③現在でもRNAを遺伝子（ゲノム）としてもつウイルスがいる，④代謝に関わる多くの補酵素は，RNAの材料であるリボヌクレオチドを含んでいる，などである．こうしたことから，初期の生命は，RNAを遺伝子として用いていたが，やがてより保存が効き，安定な核酸であるDNAに置き換わっていったのではないか，と考えられている（図5・24）．RNAワールドが魅力ある仮説である理由の一つは，RNAが触媒活性を有する酵素としてはたらいていたと考えることから，それが細胞膜の成分であるリン脂質を合成し，細胞膜を獲得することができたとする仮説を立てることができるからであろう．1・1節(3)で述べたように，原始細胞の細胞膜の主成分が何であったかに関しては諸説あるが，RNAワールドというものを設定すると，その謎も解決できるという魅力がある．ただ，もちろん本当のことはわからない．

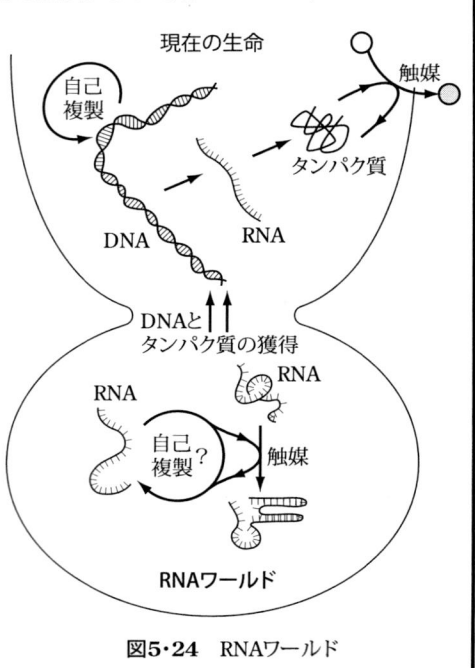

図5・24　RNAワールド

5・4 遺伝子発現の仕組み

　私たちが生きているのは，細胞の中で様々なタンパク質が，それぞれに与えられた役割を果たしながら活動しているからである．そして，そのタンパク質は，DNA 上に塩基配列のかたちで書き込まれた遺伝子を設計図として，そこから合成される．本節では，**セントラルドグマ**（図 5・25）とよばれる DNA からタンパク質が生じる過程，すなわち遺伝子発現のメカニズムについて学ぶ．

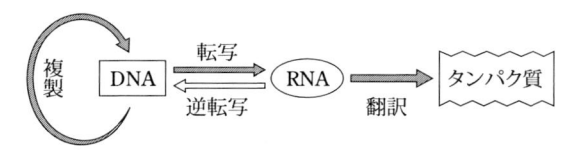

図 5・25　セントラルドグマ

（1） 遺伝子の転写 ～RNA ポリメラーゼによる mRNA 合成～

a. 遺伝子の発現　2003 年に完了したヒトゲノムプロジェクトにより，ヒトの遺伝子の種類は 2 万から 3 万程度であることがわかった．この膨大な種類の遺伝子は，すべてがいつも発現し，タンパク質をつくり出しているわけではない．どの細胞にも，いつも発現している遺伝子を**ハウスキーピング遺伝子**といい，すべての細胞に共通な構造の維持や，タンパク質合成や代謝といったすべての細胞に共通の活動に関わるタンパク質をつくりだしている．

　一方，普段は発現していないが，何かことがあると発現するような遺伝子や，細胞の種類によって発現する遺伝子も存在する．

　遺伝子とは，タンパク質（や RNA）をつくるための設計図であり，これは生物の発生過程においてはプログラムとしての役割をもっている．この設計図の通りに家を建て，プログラムの通りに発生させていくために，遺伝子からタンパク質がつくられることを遺伝子の**発現**という．

　遺伝子の発現には二つの重要なステップがある．一つは，DNA の塩基配列（遺伝子）と同じ塩基配列をもった RNA（mRNA）を合成するステップで，これを遺伝子の**転写**とよぶ．そしてもう一つは，合成された mRNA が細胞質に無数に存在するリボソームにたどりつき，そこで mRNA の塩基配列の指定どお

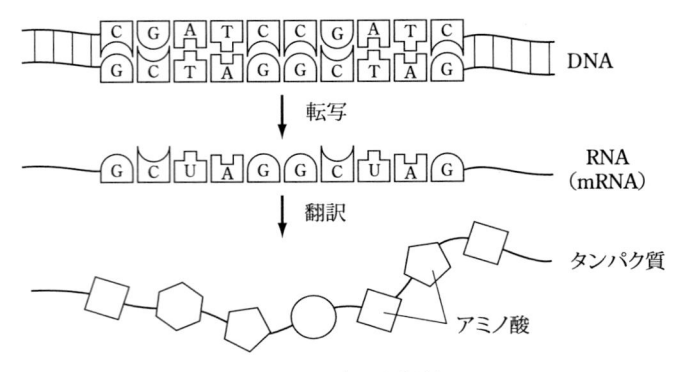

図5・26 転写と翻訳

りにアミノ酸が連結され，タンパク質がつくり出されるステップで，これを**翻訳**という（図5・26）．

b. RNA ポリメラーゼと転写 転写は，DNAの遺伝情報が RNA ポリメラーゼによって，RNAの塩基配列として読み取られるように合成される過程である（図5・27）．真核生物にはRNAポリメラーゼⅠ，RNAポリメラーゼⅡ，RNAポリメラーゼⅢという3種類のRNAポリメラーゼが存在することが知られている．タンパク質の設計図である遺伝子からRNAを合成するのは，このうちRNAポリメ

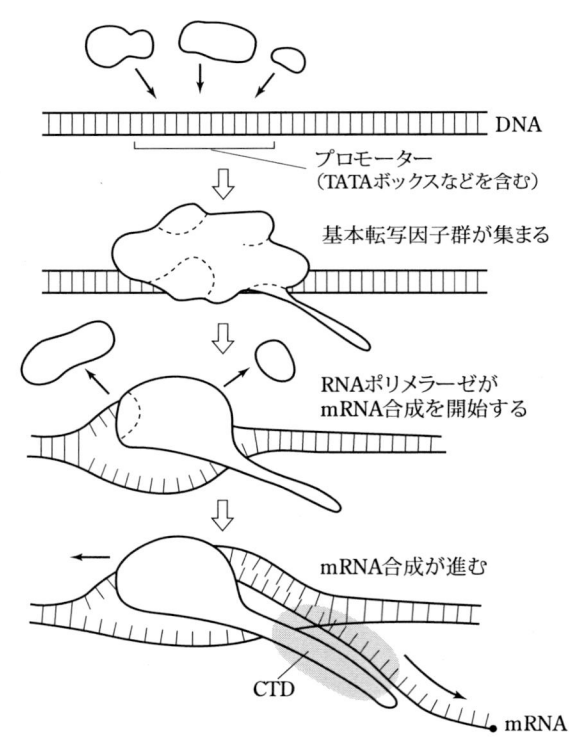

図5・27 転写のあらまし
灰色（アミかけ）の部分でスプライシングなどの重要なプロセッシングが起こる．CTD：C-terminal domain.

ラーゼⅡである．合成されたRNAは**メッセンジャーRNA（mRNA）前駆体**とよばれる．遺伝情報は通常，二本鎖になっているDNAのどちらか一方の鎖に乗っている．そのDNA鎖を**センス鎖**という．mRNA前駆体は，センス鎖ではなく，その相補的なもう一方のDNA鎖（**アンチセンス鎖**）を鋳型として合成されるため，mRNA前駆体の塩基配列はセンス鎖，つまり遺伝子の塩基配列と，チミンがウラシルに変化している以外，まったく同じになる．

c. 転写因子 タンパク質の設計図である遺伝子は，mRNA前駆体として転写される部分と，その転写を調節する部分に分けられる．後者を**転写調節領域**といい，転写に先立って様々な**基本転写因子**や転写調節因子が結合し，RNAポリメラーゼによる転写の開始をコントロールしている．転写開始点に近い転写調節領域は**プロモーター**とよばれ，この領域に基本転写因子とRNAポリメラーゼが結合し，一定の反応の後，転写が開始される（図5・27）．また，私たち真核生物にはプロモーターのほか，やや離れた位置に**エンハンサー**や**サイレンサー**とよばれる塩基配列が存在し（図5・28），遺伝子の転写を調節している．

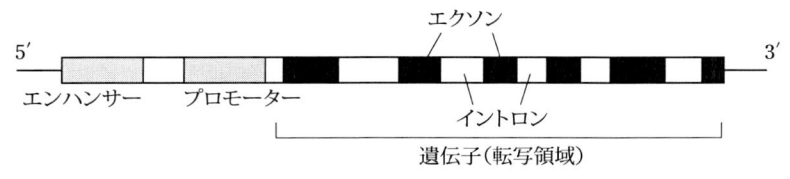

図5・28 遺伝子の構造

（2）mRNAの成熟過程

RNAポリメラーゼⅡによって合成されたmRNA前駆体は，様々な修飾を受けて，ようやく成熟したmRNAとなる．

a. プロセッシング まず，転写されたmRNAの5′末端に，7-メチルグアニル酸が付加される．これをmRNAの**5′キャップ構造**という．また，転写されたmRNAの3′末端には，**ポリアデニル酸**（ポリA）が，ポリAポリメラーゼによって200塩基から300塩基にもわたって付加される．これを**ポリAテイル**（尻尾）と言う．

真核生物のDNA上では，遺伝子のアミノ酸配列を規定している部分は，実際には介在配列（**イントロン**）とよばれる，アミノ酸配列を規定していない塩

図5・29 スプライシング

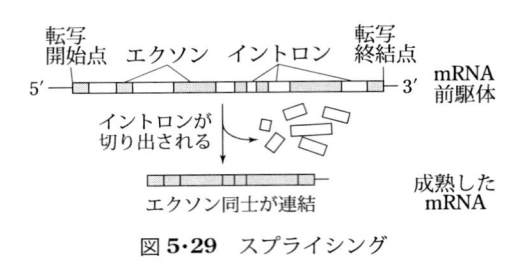

基配列によって複数に分断されている．分断されたそれぞれの遺伝子断片を**エクソン**という（図5・28）．mRNAは最初，このエクソンとイントロンが両方含まれる前駆体として，RNAポリメラーゼによって合成される．したがって，mRNA前駆体は，合成されたてのそのままの状態ではタンパク質合成に供することができない．そのため合成された後，mRNA前駆体からイントロン部分が取り除かれる必要がある．このイントロン除去の仕組みを**スプライシング**という（図5・29）．スプライシングを経てエクソン同士が連結されてはじめて，アミノ酸配列を規定している情報がすべてつながり，リボソームで翻訳することができるようになる．なお，原核生物にはイントロンが存在しないため，転写されたmRNAはスプライシングを経ることなく，翻訳に供される．

スプライシングの中には，単にイントロン部分だけではなく，エクソン部分も一緒に取り除かれる場合がある．エクソンはアミノ酸配列情報を含むため，それが取り除かれるとできあがるタンパク質の形や性質が大きく異なってしまう．これを**選択的スプライシング**といい，一つの遺伝子から複数の種類のタンパク質をつくる仕組みとして，生物界に普遍的に存在している．

このように，合成されたてのmRNA前駆体が様々な仕組みによって成熟したmRNAとなる過程のことを**プロセッシング**という．

b. RNAエディティング 遺伝情報は，mRNAの段階で時折改変される場合がある．DNA上の遺伝子がmRNAに転写された後，ウラシル（U）がところどころに挿入されたり，アデニン（A）がイノシン（I）に変換されたり，またシトシン（C）がウラシル（U）に変換されたりする．その結果，翻訳段階で読み取られるコドンの種類が変化するので，生じるアミノ酸配列が変わり，

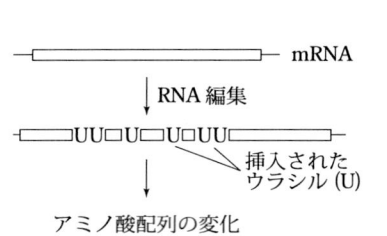

図5・30 RNA編集

できるタンパク質の構造や機能が変化する．このような，転写後に mRNA の塩基配列を変化させる仕組みを **RNA エディティング**（RNA編集）という（図5・30）．トリパノソーマという原生生物において最初に報告され，それ以降，私たち人間を含め幅広い生物種に備わっている仕組みであると考えられているが，その生物学的意義や役割に関する詳細は，まだよくわかっていない．

c. 品質管理 成熟した mRNA が，実際にリボソームでタンパク質合成の情報元となる前に，それがきちんとしたものであるか，それがリボソームで翻訳されてもきちんとしたタンパク質が合成されるかどうかチェックされる．この仕組みを **RNA サーベランス**（RNAの品質管理）という．主にリボソームで行われる RNA サーベランスでは，正常なタンパク質ができないと判断された mRNA（たとえば，RNA ポリメラーゼの読み取り違いなどによって，終止コドンがタンパク質の読み取り枠の最後ではなく，途中にできてしまった mRNA など）は分解される．正常な mRNA だけが品質管理に合格し，本格的なタンパク質合成に供される（図5・31）．

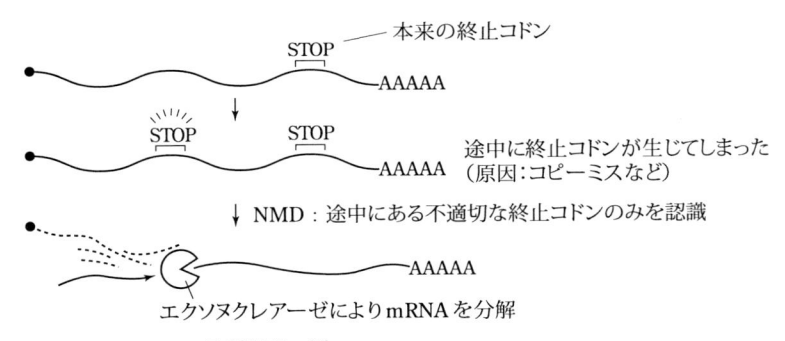

図5・31 mRNAの品質管理の例
NMD：Nonsense-mediated mRNA Decay（ナンセンス変異依存mRNA分解機構）．

(3) 遺 伝 暗 号

遺伝子である DNA と，その転写産物である RNA は核酸であり，タンパク質ではない．核酸はヌクレオチドの重合体であり，タンパク質はアミノ酸の重合体である．mRNA に転写された遺伝情報をもとにして，リボソームでアミノ酸が重合され，タンパク質がつくられる過程を **翻訳** という．

a. 遺伝暗号 翻訳とは，ヌクレオチド（それは結局のところ塩基）の配列

情報を，アミノ酸の配列情報に変換する仕組みのことである．その変換には，ある一定の法則がある．地球上の全生物に共通のこの法則は，**遺伝暗号**という仕組みによって成り立っている（表5・1）．

b. コドン　mRNAは，**コドン**とよばれる連続した3個の塩基配列で，1個の特定のアミノ酸を指定（**コード**）している．また，ある1個の特定のアミノ酸をコードするコドンも，1種類から6種類まで様々である．たとえば，ACUというコドンはスレオニン（Thr）というアミノ酸をコードし，AGUというコドンはセリン（Ser）というアミノ酸をコードする．こうしたコドンとアミノ酸の対応関係が遺伝暗号である．たとえば，ACUAGUUAUUCGという塩基配列は，スレオニン—セリン—チロシン—セリン というアミノ酸配列へと翻訳される．リボソームにおけるアミノ酸への翻訳は，必ずある決まったコドン

表 5・1　真核生物の核における遺伝暗号表

1番目	\	2番目				3番目
		U	C	A	G	
U		Phe	Ser	Tyr	Cys	U
		Phe	Ser	Tyr	Cys	C
		Leu	Ser	×	×	A
		Leu	Ser	×	Trp	G
C		Leu	Pro	His	Arg	U
		Leu	Pro	His	Arg	C
		Leu	Pro	Gln	Arg	A
		Leu	Pro	Gln	Arg	G
A		Ile	Thr	Asn	Ser	U
		Ile	Thr	Asn	Ser	C
		Ile	Thr	Lys	Arg	A
		Met	Thr	Lys	Arg	G
G		Val	Ala	Asp	Gly	U
		Val	Ala	Asp	Gly	C
		Val	Ala	Glu	Gly	A
		Val	Ala	Glu	Gly	G

×は終止コドン．

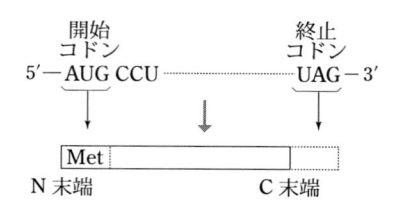

```
        開始                    終止
        コドン                  コドン
5'— AUG CCU ──────────── UAG — 3'
      ↓     ↓
    ┌─────────────────────────┐
    │ Met │                   │
    └─────────────────────────┘
    N末端                    C末端
```

図 5・32　開始コドンと終止コドン
　開始コドンは必ずメチオニン（Met）をコードする AUG である．終止コドンはどのアミノ酸も指定していないので，その直前で翻訳は止まる．

大サブユニット　　　　大サブユニット
分子量 2,800,000　　　分子量 1,400,000

リボソーム粒子
分子量 4,200,000

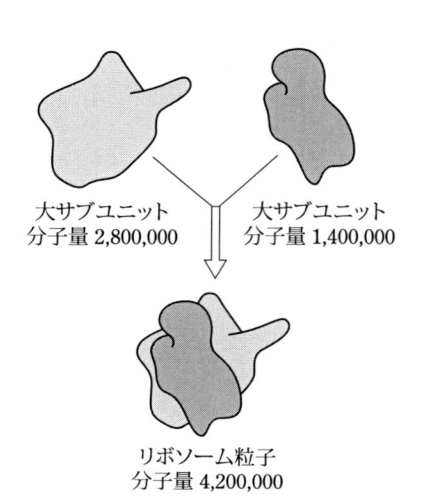

図5・33　真核生物のリボソームの構造
　大サブユニットは3種類のrRNAと50種類のリボソームタンパク質，小サブユニットは1種類のrRNAと33種類のリボソームタンパク質より成る．

から開始される．これを**開始コドン**といい，AUG という塩基配列をもち，**メチオニン**をコードしている．また，中にはどのアミノ酸もコードしていないコドンもあり，このコドンをリボソームが読み取ると翻訳がそこでストップしてしまう．このようなコドンを**終止コドン**という（図5・32）．

　c．普遍遺伝暗号と非普遍遺伝暗号　全生物に共通な遺伝暗号を**普遍遺伝暗号**という．しかし，一部の生物や一部のミトコンドリアには，普遍遺伝暗号とは異なる暗号が存在する場合もあり，これを**非普遍遺伝暗号**という．

(4) 翻　訳 ～リボソームでのタンパク質合成～

　a．翻訳の開始　成熟した mRNA は，核から**核膜孔**を通過して細胞質に入る．タンパク質合成装置である**リボソーム**は，大サブユニットと小サブユニットから構成されるが，この二つのサブユニットは普段は別々に存在している（図5・33）．細胞質に mRNA が到達すると，二つのサブユニットが mRNA 上に集合し，開始複合体とよばれる構造をつくる．mRNA 上をリボソームが移動し，**開始コドン**を発見すると，そこからタンパク質の翻訳が始まる（図5・34）．

　b．リボソームと tRNA　リボソームは，多くのリボソームタンパク質と数種類のリボソーム RNA（rRNA）からなる巨大な複合体である．リボソームにアミノ酸を運んでくるのが転移 RNA（**tRNA**）である．tRNA には mRNA のコドンに対応した数十種類のものがあり，それぞれコドンに対応したアミノ酸をその 3´ 末端に結合させている．

　c．アンチコドン　tRNA は，mRNA 上のコドンと相補的に結合しうる**アンチコドン**とよばれる連続した3塩基をもつ．リボソームに入り込んだ tRNA は，アンチコドンを介して mRNA のコドンを認識し，コドン－アンチコドン間に生じる水素結合によって緩く結合する．

　d．ペプチド結合の形成と翻訳の終了　リボソームを構成する rRNA の一部には，tRNA が運んできたアミノ酸同士をつなげる酵素活性である**ペプチド転移活性**があり，これによってアミノ酸同士がつながる．リボソームは mRNA 上を移動していくため，これに伴って tRNA により運ばれてきたアミノ酸がコドンの通りに順番につながっていき，タンパク質が合成されていく．この翻訳が，どのアミノ酸もコードしていない終止コドンにまで到達すると，**翻訳終結**

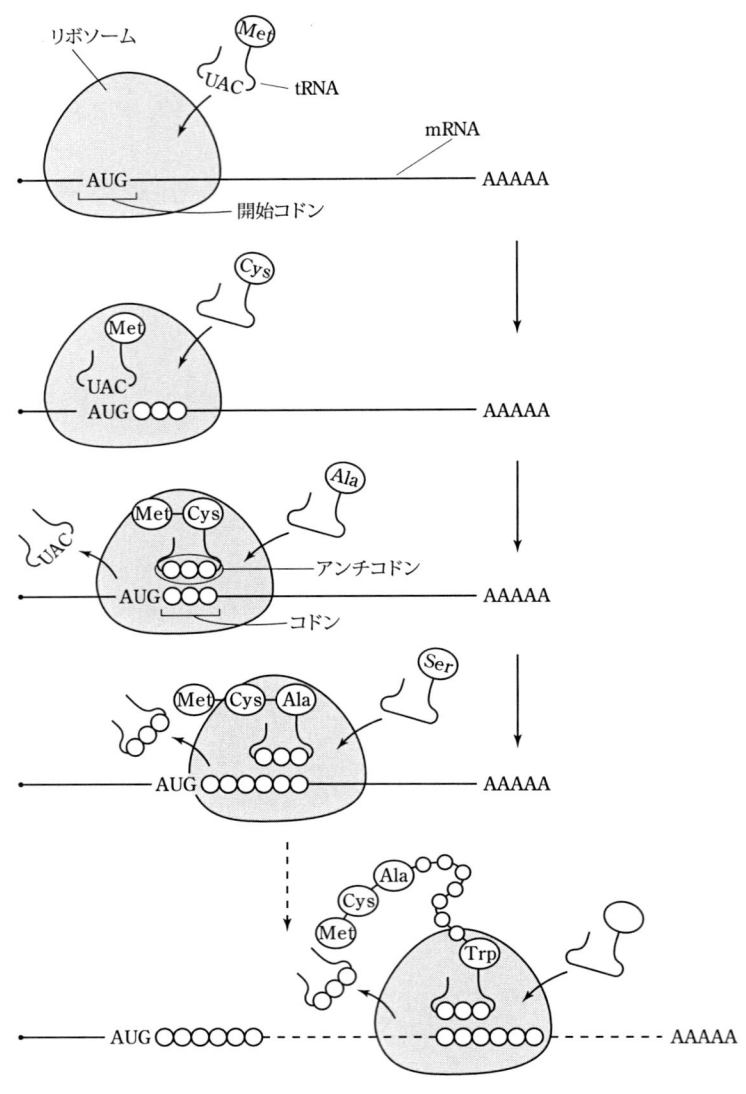

図5·34　翻訳のあらまし

因子の作用によって翻訳が停止し，合成されたポリペプチド鎖はリボソームから放たれ，適切に折り畳まれてタンパク質となる．

(5) タンパク質の輸送

a. 分泌タンパク質 リボソームで合成されるタンパク質のうち，細胞の外ではたらくタンパク質（**分泌タンパク質**）は，小胞体，ゴルジ体を経由して細胞外へ分泌される．分泌タンパク質のアミノ末端（**N末端**，最初に合成される側）のアミノ酸配列は**小胞体シグナル**となっており，合成されるとまもなく小胞体の膜へ取り付く．リボソームで合成されている途中から小胞体膜へと取り付くので，分泌タンパク質を合成しているリボソームは，軒並み小胞体の表面に取り付き，**粗面小胞体**が形成される（図5・35）．合成されたタンパク質は，小胞体の内腔へと放出され，そこで糖鎖の付加が行われ，分泌される準備が整うようになる．タンパク質はその後，小胞体から派生する小胞に包まれてゴルジ体へと運ばれ，そこでさらに糖鎖による修飾がなされた後，ふたたびゴルジ体からちぎれるように生じる小胞に包まれ，細胞膜と融合した後，その外へと放出される．

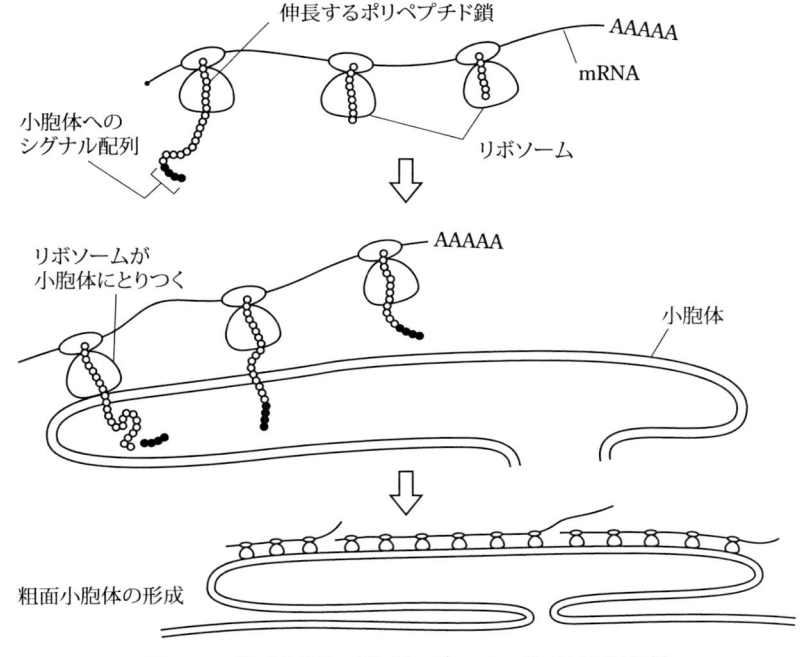

図5・35　粗面小胞体の形成（ロディッシュ他 2005より改変）

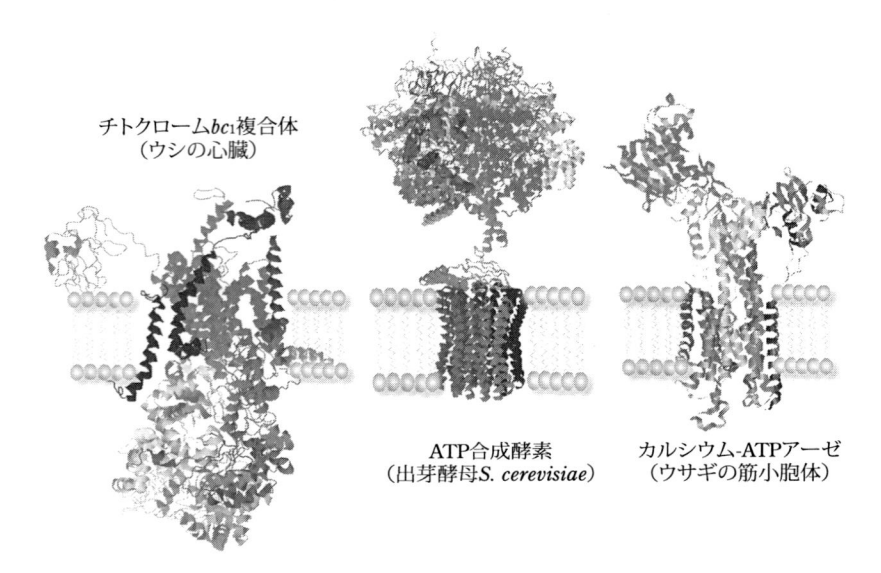

チトクロームbc_1複合体
(ウシの心臓)

ATP合成酵素
(出芽酵母 *S. cerevisiae*)

カルシウム-ATPアーゼ
(ウサギの筋小胞体)

図5・36　膜貫通タンパク質の例 (Protein Data Bankより作図.
画像作成：鞆 達也, 画像提供：三室 守)

b. 膜貫通タンパク質　つくられた細胞の細胞膜に埋め込まれ，そこではたらくタンパク質を**膜貫通タンパク質**という (図 5・36). 分泌タンパク質と同様，それを合成しつつあるリボソームは小胞体に取り付くが，膜貫通タンパク質の場合は小胞体の内腔へは放出されず，小胞体の脂質二重膜に埋め込まれたまま，ゴルジ体へと運ばれ，さらに細胞膜へと運ばれる．

c. 細胞内小器官内ではたらくタンパク質　合成されるタンパク質のうち，

H_2N ─────── COOH

核移行シグナル
(核局在化シグナル)

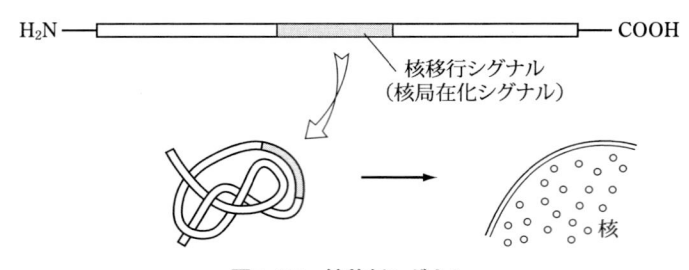

核

図5・37　核移行シグナル

ミトコンドリアや葉緑体などの細胞内小器官ではたらくタンパク質のN末端には，分泌タンパク質などと同様，目的の細胞内小器官へと移行するための**シグナルペプチド**がついているため，リボソームで合成された後，それぞれの目的の細胞内小器官へと移行し，そこでそれぞれの機能を発揮することができる．たとえば核内ではたらくタンパク質には**核移行シグナル**があり，これによって核内へと適切に輸送される（図5・37）．

　d. 細胞質遊離型タンパク質　つくられた細胞の細胞質ではたらくタンパク質を合成するリボソームは，小胞体に取り付くことなく，遊離したままでタンパク質を合成する．

5・5 酵素のはたらき

　生命活動は，細胞内外で行われる化学反応の総体であるといってよい．この生体化学反応の触媒としてはたらいているのが**酵素**であり，そのほとんどはタンパク質である．前節で，タンパク質が遺伝子からいかにしてつくられるかを学んだ．本節では，そうしてつくられたタンパク質の最大のはたらきである酵素について，それがどのような仕組みで化学反応を担っているのかを学ぶ．それとともに，RNAが酵素としての役割を果たしている事例についても紹介し，酵素の世界の幅広さを学ぶ．

(1) 酵素反応

　a. 活性化エネルギー　化学反応とは，ある物質が他の物質に変化する反応である．この変化の際に，ある一定のエネルギー量が必要とされる．そのエネルギー量を達成し，これを乗り越えることで，化学反応は進む．このエネルギーのことを**活性化エネルギー**という（図5・38）．酵素とは，様々な化学反応の触媒として作用するものを言うが，この酵素のはたらきは，化学反応の活性化エネルギーをいかに抑えることができるかにかかっていると言ってよい．生体内で行われる化学反応は，酵素が存在することによって活性化エネルギーが抑えられ，反応が劇的に速く進行する．

　b. 酵素の反応速度とミカエリス定数　酵素反応速度論は，酵素がどのよう

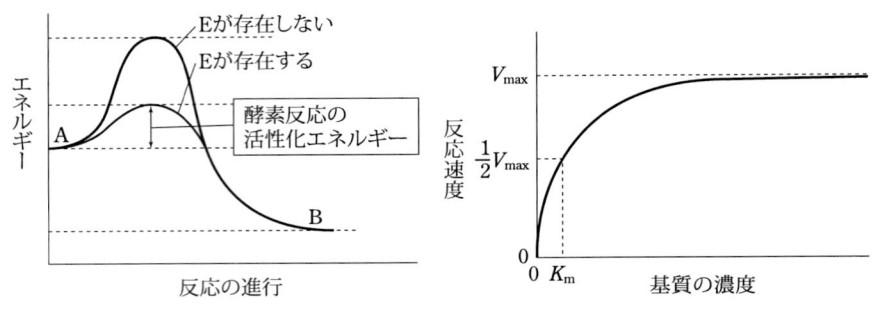

図5・38 酵素と活性化エネルギー
A→Bへの反応に対する酵素Eの影響を示す.

図5・39 ミカエリス定数(K_m)と最大反応速度(V_{max})

に化学反応を行うか, そのメカニズムを解析する上で重要である. 酵素の化学反応の一般式は, 次のように表される.

$$E + S \rightarrow ES \rightarrow P + E$$

ここでEは酵素, Sは**基質**（酵素がはたらく物質）, ESは**酵素－基質複合体**, そしてPは反応生成物である.

　生理的な条件では, 基質濃度は酵素濃度よりもはるかに大きいため, 基質がすべて反応するまでは, その反応速度はほぼ一定であり, その間, ESの量も一定に保たれる（**定常状態**）. この, 酵素がすべて基質によって飽和状態となり, 酵素EがすべてESという状態になっているときの反応速度を**最大速度**（V_{max}）という. 最大速度の半分の速度のときの基質濃度を**ミカエリス定数**といい, K_mで表す（図5・39）. この定数は酵素の性質を決める重要な要素の一つであり, この値が小さいと, その酵素は基質濃度が低くても最大の活性ではたらくことができることを意味している.

(2) 酵素の性質

a. 基質特異性　　生体内に存在する酵素は, その対象となる基質がほぼ厳密に決まっている. たとえば, デンプンとセルロースは, 共にグルコースを構成単位とする多糖類だが, その結合様式が違う. **唾液アミラーゼ**はデンプンに作用してこれをマルトースにまで分解するのであって, けっしてセルロースには作用しない. また, **ペプシン**はタンパク質のある特定のアミノ酸部分のみを切

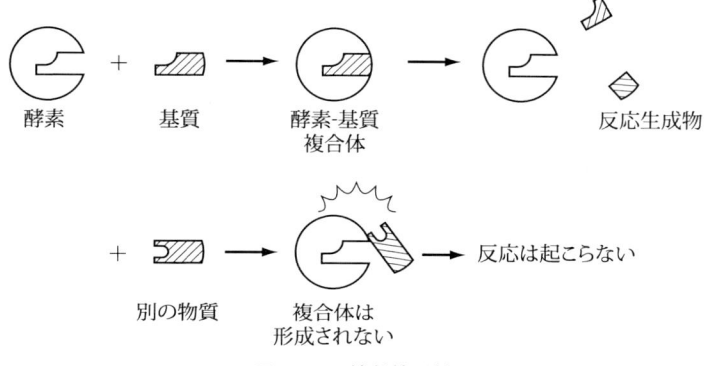

図5・40　基質特異性

断し，その他のアミノ酸部分や脂肪酸には作用しない．このように，酵素がはたらく物質（**基質**）がそれぞれの酵素で決まっていることを**基質特異性**という（図5・40）．これは酵素の立体構造に大きく影響しており，よく鍵と鍵穴の関係にたとえられることがある．

b. 温度依存性　私たちの体温は，ほぼ36度から37度の間に収まっている．私たちが体内にもっている酵素は，たいていこの範囲の温度が最も都合がよく，酵素反応もよく進む．酵素を試験管内に取り出して実験すると，やはり36度から37度の温度で反応が進み，20度以下では反応速度がぐっと遅くなる．40度や50度になると，反応速度が遅くなるばかりか，なかには酵素の立体構造が変化して**失活**してしまうものもある．一方，地球上には様々な温度環境に生息している生物がいる．沸騰した湯のような環境に住む高度好熱性細菌がもっている酵素は，90度以上の熱でも失活せず，むしろその温度が反応に最適であるように進化してきたと考えられている．このように，それぞれの酵素反応は温度によって大きく左右される．

c. pH依存性　私たちの胃の中は，壁細胞から分泌される塩酸の影響で，pH（水素イオン濃度の対数）が1から2という，強力な酸性条件下にある．胃で分泌される消化酵素であるペプシンは，このpHの条件で反応速度が最大となる性質をもっており，中性付近やアルカリ性ではほとんど反応しない（図5・41の酵素A）．十二指腸に入った食物は，膵液の作用によって中性化される．

このとき分泌される消化酵素であるトリプシンは、中性付近で反応速度が最大となり、胃内における酸性条件下では立体構造が変化して失活してしまう．ほとんどの細胞内酵素は中性付近が最適である（図5・41の酵素B）．

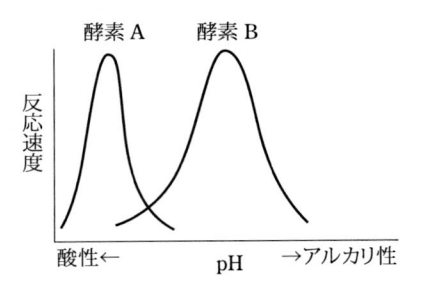

図5・41 pH特異性

(3) リボザイム

a. RNA酵素の発見 1982年，アメリカの分子生物学者**チェック**（T. R. Cech, 1947～）が，そして翌年にはアメリカの分子生物学者**アルトマン**（S. Altman, 1939～）が，それぞれ別個に酵素のはたらきをもつRNAを発見した．それまで，酵素としてのはたらきをもつものはタンパク質以外にはないと考えられていたため，この発見はその後のRNA研究に大きな進歩をもたらした．その後，数多くの"RNA酵素"が発見され，酵素としてのはたらきはRNAの重要な一つであることが明らかとなった．こうしたRNA酵素のことを総称して**リボザイム**という．

b. 代表的なリボザイム チェックが発見したリボザイムは，**自己スプライシング**を起こすことができるRNAであった（図5・42）．通常のmRNAのスプライシングは，**スプライソソーム**とよばれる，タンパク質と低分子RNAからできた特殊な装置によって行われる．チェックは，繊毛虫類テトラヒメナから，自分自身の酵素活性によりスプライシングを起こすことのできるRNA（rRNA）を発見した．一方，アルトマンが発見したリボザイムはリボヌクレアーゼPであり，これはtRNAのプロセッシングに関与するリボザイムである．

現在までに知られている生体内に存在するリボザイムは，リン酸ジエステルのエステル転移反応を触媒し，RNAのプロセッシングに関与するものがほとんどである．またリボソームを構成するrRNAも，タンパク質合成反応を触媒するリボザイムであると考えられている．

一方，人工的にリボザイムをつくり出す試みが世界中で行われており，RNAポリメラーゼとしての活性をもつもの，RNAにリン酸基を転移するキナーゼとしての活性をもつものなどが合成されている．

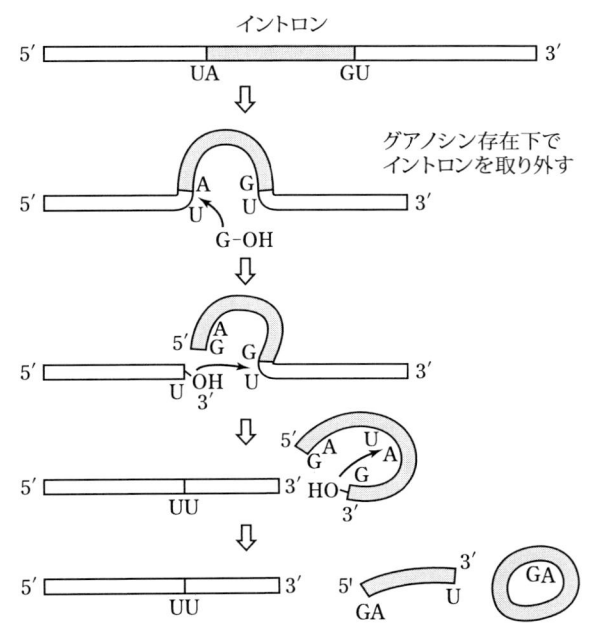

図5・42 リボザイムによる自己スプライシング
（柳川 1994より改変）

コラム　自己複製するリボザイムはつくれるか

　細胞がこの地球上に生まれる以前，地球上にまだDNAも存在していなかった頃，生命世界はRNAが支配していたとする仮説，RNAワールド（138ページのコラム参照）．その根拠の一つとなったのが，RNAがタンパク質と同じように触媒作用をもつことが証明されたことだった．RNAが遺伝子として機能していたと同時に，酵素としても機能していたのならば，現在のDNAが，タンパク質でできた酵素であるDNAポリメラーゼによって複製されるのと同様，RNAがRNA自身によって複製されていたはずだ，という考え方が当然出てくる．もしRNAを複製するRNAが見つかれば，RNAワールド仮説はさらに強固な証拠を手に入れることになる．今のところ，長鎖RNAを効率よく複製させるリボザイムは発見されておらず，また自分自身を複製する「自己複製リ

次ページへ

ボザイム」も発見されていないが，短い他のRNA分子を複製させるリボザイムについては，すでに人工的につくられている．将来，長鎖RNAを見事に複製するリボザイムも，もしかしたら人工的につくり出すことができるかもしれない．生命が生まれる以前の世界に夢踊らすのも，また楽しいものである．

練習問題

1) DNA複製が「半保存的」といわれる理由について説明せよ．
2) リーディング鎖，ラギング鎖の複製のされ方の違いについて説明せよ．
3) 細胞分裂における微小管の役割について説明せよ．
4) メンデルが発見した三つの基本法則のうち，優劣の法則について説明せよ．
5) DNAは遺伝子の正体だが，必ずしも「DNA＝遺伝子」ではない．その理由を述べよ．
6) 遺伝子がDNAであることを世界で最初に証明したのは誰か．またその人が実験材料に用いた生物は何か．
7) DNAとRNAの違いを述べよ．
8) 遺伝情報の転写においてmRNAを合成する酵素は何か．
9) リボソームはどのような構造をしているか，「RNA」，「タンパク質」という言葉を用いて説明せよ．
10) 酵素の基質特異性について，具体例を挙げて説明せよ．

6 人間にはなぜ寿命があるのか

【本章を学ぶ目的】
　多細胞生物はなぜ死ななければならないか，老化はどのように起こるのかを知ることで，人間の生と死をより深く考える．

6・1　単細胞生物と多細胞生物

　多細胞生物である私たち人間は，生まれてから 80 年，90 年を経過すると，やがて死を迎える準備が始まる．死の訪れは，ほぼすべての多細胞生物に当てはまる事実である．それは果たして何ゆえであろうか．なぜ多細胞生物は死ななければならないのだろうか．

　ここでは，多細胞生物が死を迎える理由を知るために，まず単細胞生物と多細胞生物，この 2 種類の生物の成り立ちについて学ぶ．

(1) 単細胞生物と多細胞生物

　私たち人間は，60 兆個もの細胞からできた**多細胞生物**であり，一方，バクテリアやゾウリムシなどの微生物の多くは**単細胞生物**である．多細胞生物は，それ全体が 1 個の生物個体とみなされるが，それを構成する器官や組織，細胞の振る舞いを観察してみると，多細胞生物の 1 個体の中で，あたかも単細胞生物のように行動しているかに見える細胞たちが存在するのがわかる（図 6・1）．

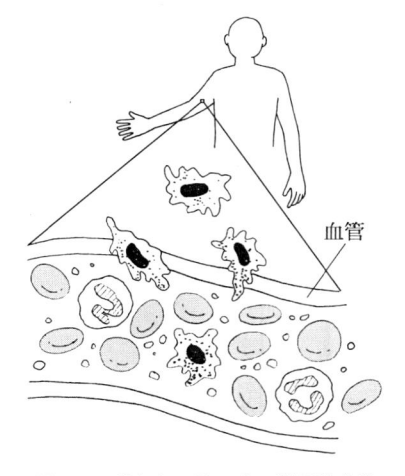

図6・1　私たちの体の中の単細胞生物

たとえば，免疫系ではたらく免疫細胞を例に挙げてみよう．T細胞やB細胞といったリンパ球系の細胞は，血液やリンパ液に浮かんで体中を移動しながら，免疫反応に携わっている（**6·4**節**(3)**参照）．キラーT細胞はその名の通り"殺し屋"であり，がん細胞や細菌などの異物を攻撃し，食べ，殺してしまう．それはもはや，多細胞生物の中の一員というよりも，ただただ食べまくる，食欲旺盛な1個の単細胞生物といった方がいいくらいだ．また免疫細胞でなくても，私たちの体の細胞を人工的に培養すると，しばらくの間はフラスコの中で，それ単独で生きている場合が多い．

こうしてみると，多細胞生物は単なる細胞の集まりなどではけっしてない．単細胞生物の細胞が自由闊達に生きているように，多細胞生物を構成する細胞たちも自由闊達に，ただし全体を統合し，コントロールする「個体」というシステムに則って生きている．

(2) 単細胞生物から多細胞生物への進化

a. 単細胞生物の誕生　今からおよそ36億年から38億年前，地球上に初めて生物が誕生したと考えられている．誕生した生物は1個の細胞からできた単細胞生物であった．それは，現在のバクテリアのように，核のない**原核生物**であったとされている．

b. 真核生物の誕生　長い原核生物の時代が続いた後，今から18億年ほど前になってようやく，私たちの直接の祖先である，細胞の中に核のある**真核生物**が誕生した．このときの真核生物はまだ，単細胞のままであった．真核生物（真核細胞）がいかにして原核生物（原核細胞）から生じたかについては諸説ある．そのなかで最も多くの科学者から支持されている仮説が，アメリカの生物学者**マーグリス**（L. Margulis,

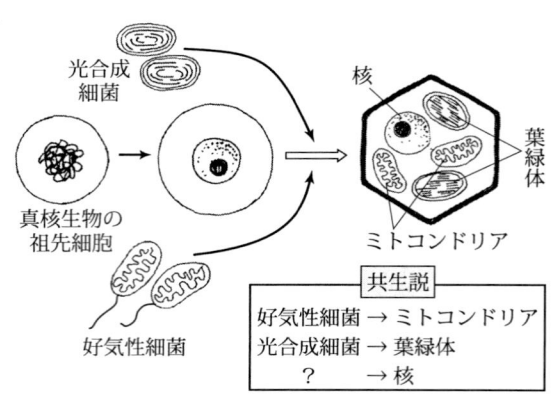

図 **6·2**　真核細胞の誕生に関する仮説

1938～2011）の唱えた**共生説**である（図6・2）．真核生物にあって原核生物にはない構造体は，核だけではない．核以外のいくつかの細胞内小器官（オルガネラ）もこれに相当する．共生説は，ミトコンドリアや葉緑体が，かつては独立した原核生物であり，こうした種類の異なるいくつかの原核生物が共生するようになったことで，真核細胞が誕生したと説く．

核もおそらく同様のメカニズムで誕生したのではないかと考えられているが，他にも，核はウイルスによりもたらされたものであるとする仮説や，細胞膜の一部が陥入するようにして誕生したとする**膜進化説**などもある．

c. 多細胞生物の誕生 やがて，細胞が単独で動き回っているより，たくさんの細胞が集まり，"社会"を形成する方が有利であるような，何らかの変化が生じたと考えられる．最初はおそらく，細胞が単独で動き回る状態と，集まって"社会"を形成する状態の両方が，その生活史の中で混在していた時期があったのであろう（図6・3）．やがて，細胞がもはや単独で動き回ることをしなくなり，"社会"すなわち完全に大きな集合体を形成したまま一生を終えるようになった生物が誕生したと考えられる．

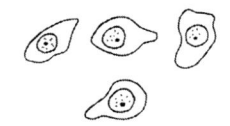

単細胞のみでしか生きられない状態

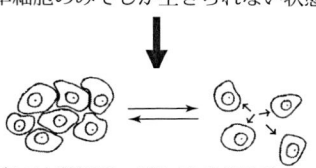

時には単細胞，時には多細胞として生きる状態

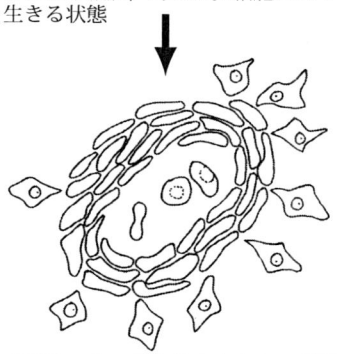

多細胞のみでしか生きられない状態

図 6・3 単細胞生物から多細胞生物へ

d. 細胞の役割分担 多細胞生物の誕生において特筆すべき点は，それぞれの個体を構成する多くの細胞が，お互いに役割を分担するようになったということである．そのなかでも**生殖細胞**と**体細胞**の区別は，その後の多細胞生物の運命を決定づけたと言ってよい．

(3) 細胞の集まりと群体

a. ボルボックスと群体 池や沼などで時折，**ボルボックス**とよばれるボー

ル状の緑藻類を見かけることがある．この生物はオオヒゲマワリ目という分類に属する緑藻で，単細胞緑藻の仲間が多数集まり，球状の"多細胞生物"を形成したものである（図6·4）．このような単細胞生物の集団を**群体**という．ボルボックスの場合，単細胞緑藻が単に集合しただけでなく，実際に簡単な役割分担を行って，生殖を司る部分と光合成を行う部分に明確に分かれている．群体の中には，それを形成する各個体が，群体から離れても独立した生活の能力がある場合があるため，単細胞生物から多細胞生物への進化の過程において，こうした群体的な状況がまずあり，それから多細胞生物が進化したのではないかと一般的には考えられている．カツオノエボシやカツオノカンムリなどの管クラゲ類では，1個の群体がさらに別の群体と一緒になった，群体の連結体を形成している．

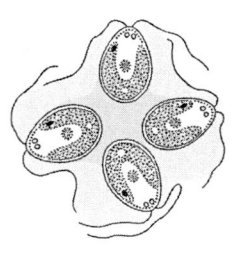

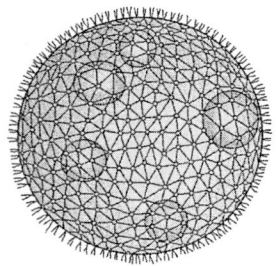

ヨツメモ　　ボルボックス

図6·4　細胞群体の例

b. 真の群体と偽の群体　群体には，単細胞の各個体（**個虫**とよぶ場合もある）が，原形質によって連結され，有機的な関連が存在する場合（**真の群体**）と，有機的な関連が各個体間になく，単に殻などの物質によって密集しているに過ぎない場合（**偽群体**）がある．

c. 細胞性粘菌類　生物のある個体が生まれてから死ぬまでに辿る過程を**生活史**という．世の中には，この生活史の中で，単細胞である時期と多細胞である時期が混在している生物がいる．その代表が，変形菌と細胞性粘菌である．

変形菌には，粘液アメーバという単細胞生物として生きる時期と，二つのアメーバが接合して接合子をつくり，その中で分裂を繰り返して核を多数もつ原形質の大きな塊となって成熟する**変形体**として生きる時期をもつ．厳密には変形体は，それぞれの核が細胞膜によって分離されていないので，多細胞の状態であるとは言えない．

一方，**細胞性粘菌**には，やはりアメーバ状の単細胞生物として生きる時期と，このアメーバ同士が凝集して細胞性偽変形体を形成し，さらにその中で細胞が

分化して担胞子体を形成する時期がある．**偽変形体**は，変形菌における変形体とは違い，それぞれの核は細胞膜によって分離されており，多細胞の状態とみなすことができる．

(4) 生殖細胞 〜不死性を託された細胞〜

多細胞生物の萌芽ともいえる群体，たとえばボルボックスなどは，その体内に雄性群体と雌性群体を形成し，これらを受精させて新しい単細胞緑藻をつくり出す．この単細胞緑藻がふたたび集まって，新しいボルボックスを形成するといったように，単細胞の多細胞化において最初になされる役割分担は，その数多くの細胞のうち一部の細胞を**生殖**のための細胞にすることだろう．

結局のところ，多細胞生物といえども，連続性という意味からすれば，その体内に「死なない細胞」をもっていることがわかる．それが**生殖細胞**である．生殖細胞を**体細胞**と明確に区別して，生と死の問題を科学的に解明しようとしたのはドイツの生物学者

図6・5 ワイスマン

ワイスマン（A. Weismann, 1834 〜 1914）であった（図6・5）．もちろん生殖細胞といえども，ただそのまま何の手も打たれないままでは，死を受け入れる以外にはない．卵子も精子も，お互いに出会わなければ，やがては死ぬ．もし卵子と精子がうまく出会い（**受精**），かつ環境条件が整っていれば，死なずに次世代の個体の**発生**を開始することができる．すなわち生殖細胞が不死であり続けるためには，受精というステップを経なければならない．それによって不死性を託された細胞である生殖細胞は，その責務を全うすることができる．

6・2 人間はなぜ老化するのか

私たちはなぜ老化するのか，その謎については古来多くの研究がなされてきたが，その分子メカニズムが明らかとなってきたのはごく最近のことである．本節ではそのメカニズムについて，細胞や分子の振る舞いを中心に学ぶ．

（1）個体の死と生殖細胞

　科学以前には，不老不死の妙薬を求めながら，果たせずに死んだ秦の始皇帝の例がある．錬金術師がそれに没頭したのは，不老不死を達成するための方策を求めんがためであったとも言われる．

　科学の歴史において，老化という問題に最初に取り組んだのは誰であったか．老化というよりも，ほとんどの生物に「死」があるその意味について，最初に科学的な視点から取り組んだのは，先ほどもご紹介したドイツの生物学者ワイスマンであろう．ワイスマンは，1883年に刊行した『遺伝について』において，単細胞生物と多細胞生物で「死」がどのような意味の違いをもつかについて考え，多細胞生物の体（すなわち体細胞）は，生殖細胞の付属品に他ならず，生殖細胞だけがある条件の下で新しい個体に生まれ変わる，すなわち不死であるとして，体細胞と生殖細胞を明確に分けて位置づけた．

　生殖細胞は不死と成りうるが，体細胞は死を迎えるよう運命づけられている．1961年，アメリカの細胞生物学者**ヘイフリック**（L. Hayflick, 1928～．図6・6左）が，正常なヒトの細胞（繊維芽細胞）がある一定回数分裂するとそれ以上分裂することができなくなるという現象を発見したことによって，体細胞ははじめから有限の寿命をもっていることが明らかとなった．これを正常体細胞の**分裂限界**といい，彼の名をとって「ヘイフリック限界」と呼ばれる（図6・6右）．

　個体の死とは，それを構成する体細胞に寿命が存在することにより不可避なものであることが明らかとなった．それではその体細胞の寿命とは，果たしてどのように規定され，個体はどのように老化していくのだろうか．

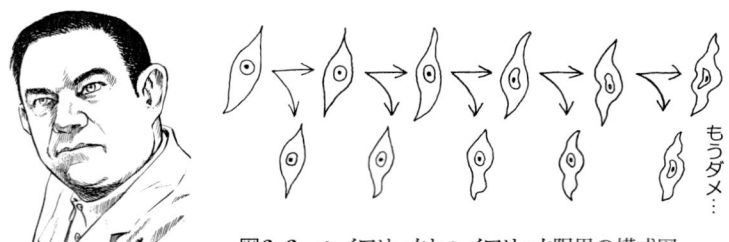

図6・6　ヘイフリックとヘイフリック限界の模式図

(2) 老化にはいくつもの要因がある

　老化という現象は，外見から判断すると，皮膚に皺がよる，体全体が小さくなる，歯が抜けるなど，明らかに誰が見ても判別できるような状態として確かに存在する．ところが，それでは老化はどのようにして起こるのかと聞かれると，そのメカニズムはあまりにも複雑であり，とても一言で説明しきれるものではないし，老化の原因はと問われると，もはや誰も説明できないほど複雑な要因が絡まりあっている．

　とはいえ，まったくわかっていないわけではない．老化の原因と考えられるいくつかの事象に関しては，その分子レベルまでかなり詳細にわかっているものもある．

(3) 老化の要因

　ヘイフリックが発見した，正常培養細胞の分裂限界がなぜ存在するのかについては諸説ある．そのうちの最も有力な説の一つが，テロメアという染色体上の領域に関する「複製問題」である．

　a．テロメア　テロメアは，真核生物の染色体の両腕（長腕と短腕）それぞれの末端部に存在する部分であり，そのDNAの塩基配列は**テロメア配列**とよばれる特殊な**反復配列**をもつ領域である．テロメア配列では，哺乳類の場合，TTAGGGという6塩基からなる配列が数百回も繰り返している（図6・7）．

　b．テロメアの複製と短縮　真核生物のDNAは，細菌の環状DNAとは異なり，引き伸ばせば1本の線になる線状構造をとる．DNA複製は，二本鎖になっていたDNAが1本ずつに巻き戻され，それぞれリーディング鎖，ラギング鎖

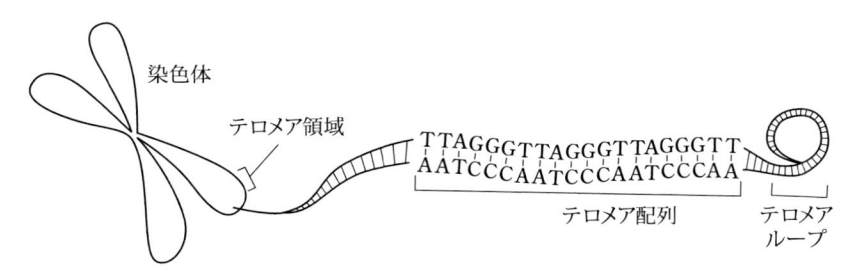

図6・7　テロメア配列
　脊椎動物のテロメア配列は「TTAGGG」の反復配列になっている．

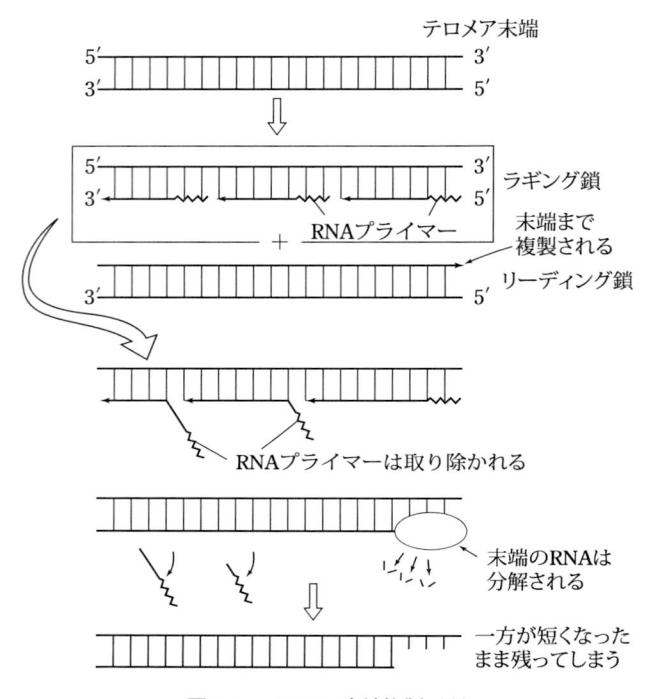

図6・8 テロメア末端複製問題

として複製が行われる（**5・1**節 **(2)** 参照）．リーディング鎖として複製されるDNA鎖は，順当に最先端まで新生DNA鎖が合成されるのに対し，不連続的な岡崎フラグメントを合成するラギング鎖として複製されるDNA鎖では，最後のRNAプライマーが合成され，それが除去された後，最先端部分に合成されない部分が残ってしまうという問題が生じる（図6・8）．これを**テロメア末端複製問題**という．このためテロメアは，DNAが複製されるたびに，すなわち細胞が1回分裂するたびに，徐々に短くなっていく．

c. テロメラーゼ この**テロメア短縮**が，ある閾値にまで到達すると，その細胞はそれ以上分裂できなくなると考えられている．その一つの証拠として，寿命をもたない，すなわち半永久的に分裂を繰り返すことのできる**がん細胞**の多くは，テロメア短縮を防ぐ酵素**テロメラーゼ**を発現していることが挙げられる（図6・9）．テロメラーゼはがん細胞だけではなく，多細胞生物の細胞群の

6・2 人間はなぜ老化するのか

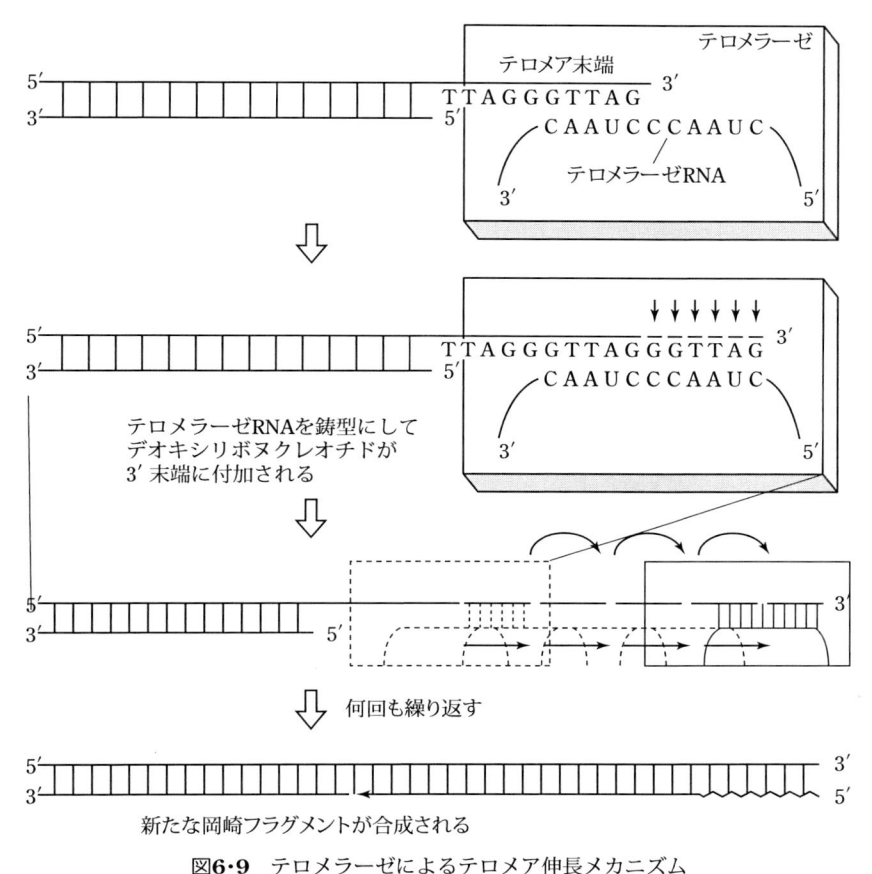

図6・9 テロメラーゼによるテロメア伸長メカニズム

なかで唯一"不死性をもつ"生殖細胞にも発現していることが知られている.

d. 活性酸素 細胞の老化は,テロメア短縮だけが原因で生じるものではなく,他にも様々な要因が絡まり合って起こる複合的な現象である.そのうち,体内で発生する**活性酸素**が,細胞とその機能に悪影響をもたらしていることが知られている.活性酸素には,$\cdot O_2$,$\cdot OH$,H_2O_2 といった分子種が存在するが,いずれもきわめて高い反応性を有する分子である.活性酸素は,主にミトコンドリアにおいてグルコースが分解されて生じた電子が最終的に酸素へと受け渡される過程において生じる.活性酸素には電子が余計に存在しているため,他

の分子と反応しやすい．一例を挙げると，生じた活性酸素はミトコンドリアから外に出ると，DNAと反応して**酸化的損傷**を引き起こす．こうした生体高分子の損傷が，細胞の老化の一つの要因であると考えられている．

e. 早老症と遺伝子異常　ある種の常染色体性劣性遺伝病（後述）に，いわゆる**早老症**がある．乳幼児期で発育が遅延し，10代で低身長，禿頭（とくとう），骨形成不全などの老人様変化を起こして死亡してしまう．また，1904年に最初に報告された**ウェルナー症候群**は，やはり低身長，白内障，白髪，糖尿病といった老化症状が20代ですでに出現するが，知能は正常である．近年，ウェルナー症候群の原因遺伝子が突き止められ，*WRN* と命名された．この遺伝子は二本鎖DNAを巻き戻すヘリカーゼとしての機能をもつタンパク質をコードすることが明らかとなっている．この遺伝子の変異により，DNAの修復などの重要な機能が阻害され，その結果，老化現象が起こると考えられている．

f．加齢と胸腺の退縮　細胞の老化とともに，多細胞生物個体の物質的，機能的バランスを維持していた様々なシステムが，徐々に正常な仕組みを失っていくことも，老化を考える上では重要なことである．ここでは老化ではなく，加齢という言葉を使う．

私たちの心臓のすぐ上に位置する**胸腺**（図6・10）という臓器は，免疫系の主要な細胞成分である**T細胞**が成熟する臓器である．T細胞は，この胸腺において"教育"されることにより，**自己**を認識せず，**非自己**のみを認識する成熟T細胞となって各組織へと送られる（6・4節参照）．このように，胸腺は免疫系にとって非常に大切な臓器であるにもかかわらず，興味深いことに，加齢とともに徐々に退縮していき，やがて胸腺の実質はほとんど脂肪に置き換わってしまうことが知られている．T細胞の"教育機関"としての胸腺が退縮することで，自己免疫を引き起こすT細胞の数が増え，それが臓器などを損傷することが，老化の原因の一つであると考えられている．

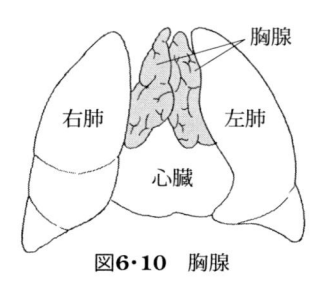

図6・10　胸腺

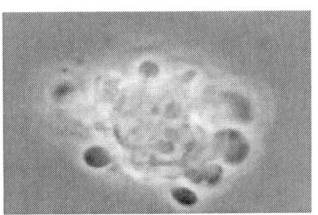

> **コラム** アポトーシス
>
> 　　生物学の諸分野の多くは，生きている生物の体を対象として研究を行う学問である．一方，死んだ生物の体を扱う学問もあるが，これは通常，解剖学や動物学など，その生物の体の構造や進化に関する研究を行う場合である．ところが，生から死への移行過程である生物の老化，または死という現象そのものに対する研究は，じつはつい最近（といっても，数十年前くらい）始まったばかりだと言っても過言ではない．生物学では，死は必ずしも忌むべきものであるとは限らない．生体には，**プログラム細胞死**という現象がある．これは，ある段階であらかじめそれが起こるように予定されている細胞の死に方であり，そうした細胞が死ぬことによって，個体全体によい影響がもたらされる．細胞死の形態学的特徴を示す言葉に**アポトーシス**があり，これはまずはじめに核内のクロマチン凝縮がはじまり，やがて細胞全体が萎縮し，断片化する（図6・11）．こうした現象は，**自殺遺伝子**ともよばれるアポトーシス誘導遺伝子の作用によって起こる．そもそも，落葉樹が秋から冬にかけて葉を落とすのは，葉の根元の細胞を死なせ，葉を落とし，冬の乾燥から身を守るためであると考えられている．生を全うするための「有益な死」という概念は，細胞レベルで生物を捉えることで，はじめて理解できるものであろう． 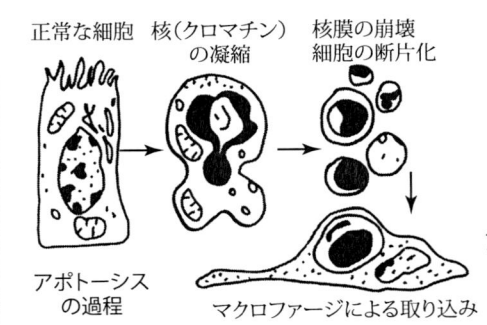
>
> 図6・11　アポトーシス（画像および資料提供：長田重一）

6・3　人間はなぜ病気になるのか

　人間と病気は切っても切り離せない関係にある．生命科学が発展してきた背景には，すべての病気に打ち克つという人類最大の夢があり，目標があった．

生物の基本単位である細胞の営みと，遺伝子のはたらきを知ることで，病気がなぜ発生するのかを理解することができる．前章で細胞，DNA，RNA，そして遺伝子の発現について述べ，さらに本章で，どのようにして私たちは老いていくのかについて学んできた．こうした物質あるいは現象は，果たして私たちを苦しめる病気とどのように関係しているのだろうか．

(1) 病原性微生物による病気

a. 細菌感染症　私たちの体には様々な細菌が共生している．大腸内に棲息し，私たちの消化吸収の手助けをし，逆に栄養をもらって生きる腸内細菌はその代表である．私たちの皮膚表面には，多くの細菌が表在細菌として存在し，有害な細菌が皮膚上で繁殖するのを防ぎ，また私たちの免疫系の賦活をもたらしていると考えられている．このように，私たち人間の一人一人は，多くの微生物が共存した一つの**生物群集**であるとも言える．そうした中に通常とは異なる細菌が入り込んでくると，それが原因で私たちの体は攪乱され，病気を引き起こすことがある．

そうした**病原性細菌**は，感染した個数が少なかったり，私たちの免疫系が正常に作用していれば体内で増殖するようなことはないが，一度に多くの細菌に感染したり，免疫系が弱くなっていたりすると，これが体内で増殖し，病気をもたらすことがある．結核，コレラ，ペストなど過去に大流行した病気は，それぞれ細菌によってもたらされた感染症であるが，現在では**抗生物質**の充実によって，こうした病気のほとんどは克服できる．

b. ウイルスによる病気　細菌感染症とは異なり，**ウイルス**が原因となる病気には抗生物質は効力がない．抗生物質は細菌を殺せるが，それよりもはるかに小さく体の構造も異なるウイルスは殺せない．

風邪は，そのほとんどがウイルスの感染による．ウイルスは体の構造が単純で，一部のウイルスは遺伝子に変異が入りやすいため，毎年のようにそのタイプが変

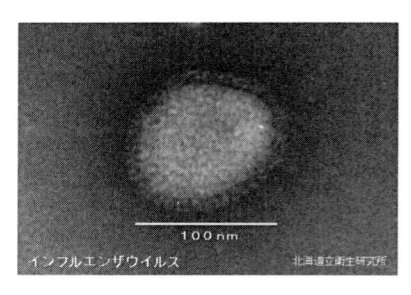

図6・12　インフルエンザウイルスの電子顕微鏡写真（画像提供：北海道立衛生研究所）

化する．**インフルエンザウイルス**はその典型である（図6・12）．ウイルスによる病気は，ウイルス粒子表面の物質を抗原とする抗体を体に産生させることである程度防ぐことができる．イギリスの**ジェンナー**（E. Jenner, 1749〜1823）によって天然痘の予防法として始められた**ワクチン**は，一般的なインフルエンザウイルスに対しても一定の効果がある．これは，無毒化したウイルスの断片をあらかじめ体に注射し，抗体を大量につくらせておくものである．

c. 原生生物がもたらす病気 細菌やウイルスだけではなく，真核単細胞生物である原生生物が感染することで起こる病気もある．**マラリア**は，マラリア原虫が引き起こす伝染病であり，感染した宿主は死に至る場合が多い（図6・13）．**トリパノソーマ症**は，マラリアと同じく熱帯地方に多く見られる感染症で「眠り病」とも呼ばれ，トリパノソーマという原生生物の一種が感染することにより引き起こされる．このほかにも，赤痢アメーバが感染することによる**アメーバ赤痢**などがある．

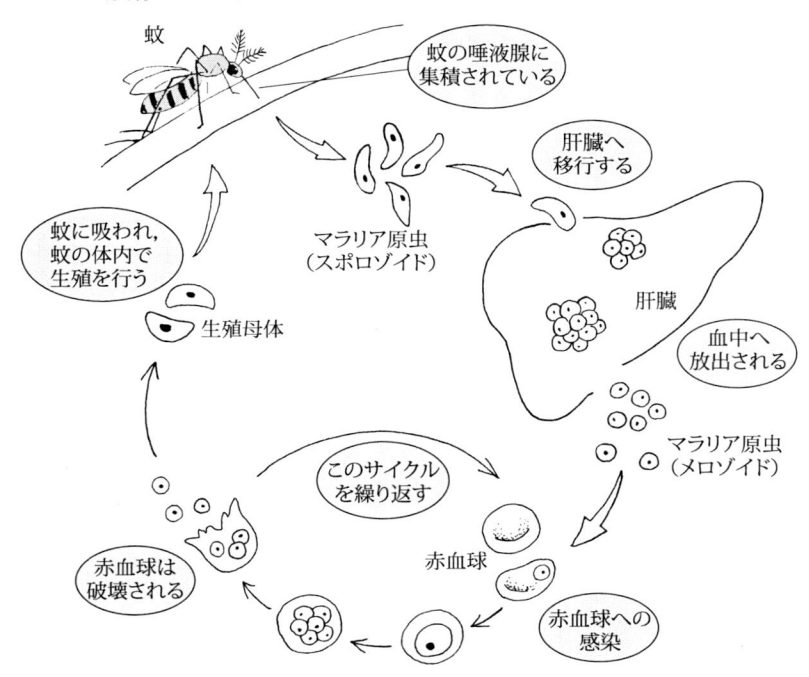

図6・13 マラリアの感染・発症機序

(2) 食物と病気との関係

a. ビタミンCと壊血病 壊血病は，大航海時代に船員たちが多く罹患した病気として知られ，現在ではビタミンC欠乏症とよばれる．ビタミンCは還元力が強いため，生体内で起こる様々な酸化還元反応に関与している重要なビタミンである．私たちの体を支える結合組織の主成分であるコラーゲンの合成には，ビタミンCが不可欠である．コラーゲンは，血管壁の構成成分であり，また骨格や血管の強化，細胞と細胞の間を支持するなど，私たちの体を維持する重要なはたらきがある．したがって，これが不足すると倦怠感，脱力とともに血管壁がもろくなり，出血があちらこちらで起こる．

b. ビタミンB_1と脚気 脚気も，ビタミンC欠乏症と同様，現在では通常の食生活をしていればほとんど罹患することがない病気だが，栄養不足になりがちな時代には深刻な病気であった．ビタミンBには数種類のものがあり，まとめてビタミンB群といわれる．このうちビタミンB_1は，グルコースを分解してエネルギーを取り出す過程で重要な役割を担っている．ビタミンB_1が不足すると，糖の代謝異常によって血中や筋肉などに乳酸やピルビン酸（**3・3**節 **(4)f** 参照）が蓄積し，神経機能が衰えて多発性神経炎が起こったり，右心不全や浮腫などの症状が現れる（ビタミンB_1欠乏症）．

現在ビタミンB_1とよばれている物質を世界で初めて発見したのは，我が国を代表する農芸化学者・鈴木梅太郎（1874〜1943．図**6・14**）である．鈴木は，

図6・14 鈴木梅太郎

脚気はこの物質が不足することが原因であることをつきとめ，米糠からこれを単離してオリザニンと命名した．

c. 生活習慣病，メタボリックシンドロームと食事 現代の食物事情と病気とを結びつける場合，**生活習慣病**を挙げないわけにはいかない．現代日本人の三大死因のうち，脳血管障害と心臓疾患は，ともに現代日本人の食生活がその根本的な原因であると考えられている．

生活習慣病は，以前には**成人病**とよばれていた．成人病は，高血圧や動脈硬化，高脂血症，糖尿病といった，大人，とりわけ中年以上の人に多く発症する

メタボリックシンドローム

内臓型肥満（内臓脂肪蓄積）
ウエスト周囲径
男性：85cm 以上
女性：90cm 以上

＋

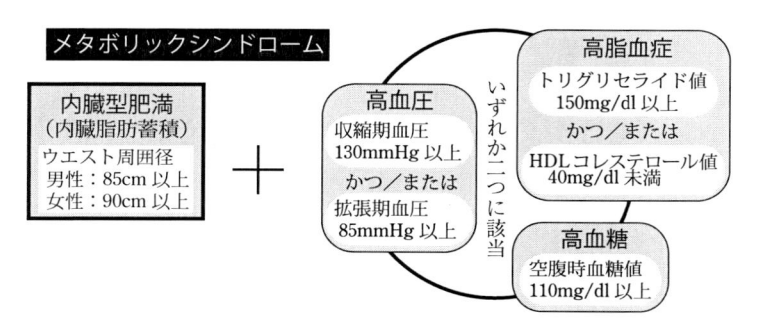

いずれか二つに該当

高血圧
収縮期血圧
130mmHg 以上
かつ／または
拡張期血圧
85mmHg 以上

高脂血症
トリグリセライド値
150mg/dl 以上
かつ／または
HDLコレステロール値
40mg/dl 未満

高血糖
空腹時血糖値
110mg/dl 以上

図 6・15　生活習慣病とメタボリックシンドローム

病気の総称であった．しかし，その人の生活の仕方，習慣などが根本的な原因となって発症すること，また近年では若年層，ときには少年期においてさえ見られることから，生活習慣病とよばれるようになった．

近年では**肥満**と，高血圧，高脂血症，高血糖のうち二つ以上を同時に発症している状態を**メタボリックシンドローム**（**メタボリック症候群**）と言い，アメリカや日本など先進諸国において大きな社会問題になっている（図 6・15）．

これらを発症する最大の要因は，その名の通り生活習慣にあり，とりわけ食生活と運動不足にあるとされる．食事の欧米化に伴う脂分を多く含んだ食事を摂取し，炭水化物を余計に摂って摂取カロリーが過多になると，体に脂肪が蓄積する．脂肪が必要以上に多いと，血液中の中性脂肪やコレステロールが増え，**高脂血症**を誘発する．

かつては栄養不足による疾病が目立っていたが，近年では栄養過多による疾病が目立ってきていると言える．

(3) 遺 伝 病

a. 遺伝病　異常遺伝子により引き起こされる病気を，総称して**遺伝病**という．遺伝病には，たった一つの遺伝子異常が関係しているものと，複数の遺伝子異常が関係しているもの，また染色体異常が関係しているものがある．

異常遺伝子の遺伝子座がどの染色体にあるかによって**常染色体性**と**伴性**に大きく分けられる．伴性とは，異常遺伝子の遺伝子座が性染色体に存在する

場合である．さらにその遺伝様式によって**優性**，**劣性**，共優性，半優性などに分類される．両親から受け継いだ二つの相同な遺伝子のうち，一つに変異が入っただけで発症する場合が優性遺伝病であり，

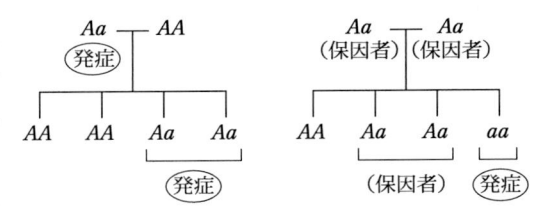

図6・16　優性遺伝病(左)と劣性遺伝病(右)
A：正常遺伝子，a：異常遺伝子とした場合．

二つとも変異しなければ発症しないのが劣性遺伝病である（図6・16）．

b. 神経疾患と遺伝子異常　神経細胞の異常によって引き起こされる様々な**神経疾患**の中には，遺伝子異常が関与しているものもある．**ハンチントン病**は，自分の意思に反して手足や顔面が不規則に動いてしまう難病で，認知症や幻覚などの精神症状，人格障害なども発症する神経疾患である．これに代表される神経疾患では，ある遺伝子のCAGという3塩基配列が異常な反復を起こすことにより異常なタンパク質が神経細胞内に生じ，その結果神経細胞に異常をきたすことが知られている（図6・17）．ハンチントン病の原因遺伝子はすでに同定されており，第4番染色体上にあることがわかっている．

c. 染色体異常と病気　染色体異常は，常染色体異常と性染色体異常に大別される．いずれも，本来2本あるべき染色体が3本存在したり，本来1本しかないY染色体が2本あったりといった，染色体の数に関する異常が主である．とりわけよく見られる染色体異常が**トリソミー**といわれるもので，これは1個の細胞に2本しかないはずの常染色体が何らかの原因によって3本ある異常である．13番染色体，18番染色体，21番染色体に関するトリソミーがよく知られており，21番染色体が3本存在する遺伝子異常は**ダウン症候群**として知られている．

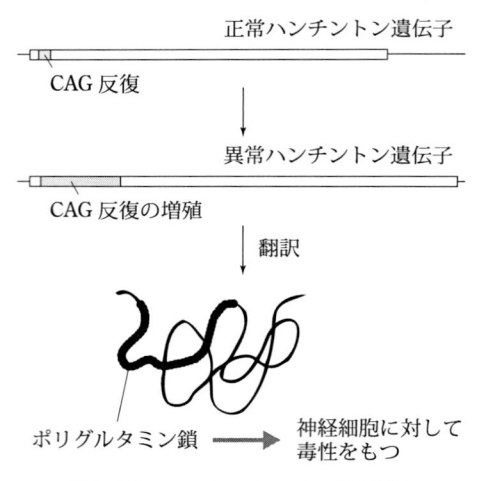

図6・17　ハンチントン病の発症機序

このほかにも，染色体の一部が欠損するなどの異常が見られることもある．

（4）がん

がん（癌）は，遺伝子異常による病気の中でも最も身近な病気である．現在の日本人の死因の第一位を占め，およそ30％の人ががんで亡くなっていると言われる．がんは，体細胞に生じた遺伝子異常（**突然変異**）が原因で発症する病気である．

a. 良性腫瘍と悪性腫瘍　腫瘍とは，細胞の一部が異常に増殖を繰り返し，大きな塊を形成したものを言う．がんは腫瘍の一種であり，遺伝子変異が原因で発症する．しかし，すべての遺伝子異常ががん化に結びつくわけではない．その異常ががんに結びつくものと，そうでないものがある．腫瘍には**良性腫瘍**と**悪性腫瘍**があり，良性腫瘍はいわゆる「がん」ではない（図6・18）．良性腫瘍の細胞の増殖は遅く，また周囲の組織に**浸潤**したり，遠くの臓器に**転移**したりすることはないので，簡単に取り除くことができ，そのために命を落とすことはない．

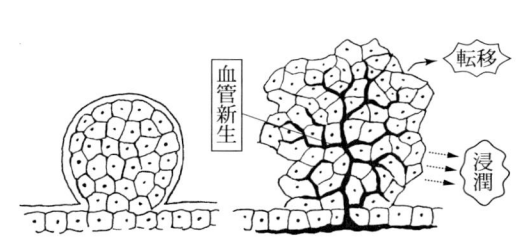

図6・18　良性腫瘍（左）と悪性腫瘍（右）

これに対し，細胞の増殖が速く，周囲の組織に浸潤し，また遠くへ転移したりする腫瘍を悪性腫瘍といい，「がん」とはこの悪性腫瘍のことを指す．

b. 悪性腫瘍（がん）の種類　がんは，それがどのような細胞に由来するかにより，**癌腫**と**肉腫**に大別される．癌腫は，一般的に「○○癌（がん）」と呼ばれる病気で，皮膚，粘膜，臓器の表面の上皮組織などから発生する．肺がん，大腸がん，胃がん，食道がん，膵臓がんなどがこれに含まれる．一方，肉腫は上皮組織以外の細胞に由来するがんであり，骨肉腫，胃肉腫，リンパ腫，白血病などがこれに含まれる．

c. がんの原因　正常な細胞ががん細胞に変化する過程を細胞の**がん化**という．がん化は，単独または複数のある特定の遺伝子に生じた突然変異が原因であるが，そうした突然変異がなぜ起こるのかについては諸説ある．生物は環境

との相互作用なしには生きることができない．そのため生物は，環境中に存在する様々な有害物質に常に晒されている．そのなかで，DNAに何らかの有害な作用を引き起こすものががん化の原因とされ，**紫外線**，タバコの煙や食物中に含まれる**発がん性物質**，そして体内でつくられる**活性酸素**などが，正常細胞のDNAに傷をつけることが主な原因と考えられている．このほかにも遺伝的な要因により，遺伝子に傷がつきやすい，あるいはその傷が残りやすいことも，原因となることがある．DNAの"傷"にも様々なものがあり，塩基同士の異常な結合，発がん物質の直接的なDNAへの結合，塩基の脱落などがある．

d．ウイルス発がん　1911年，アメリカのウイルス学者**ラウス**（F. P. Rous, 1879～1970）は，鳥に肉腫を引き起こす原因がウイルスであることを突き止めた．現在ラウス肉腫ウイルスとよばれるウイルスがそれである．**ラウス肉腫ウイルス**が鳥の細胞に感染すると，その保有するがん遺伝子 *v-src* のはたらきによって感染した細胞ががん化する．*v-src* 遺伝子は，もともと正常細胞に存在する遺伝子 *c-src* の変異型である．その遺伝子産物 Src は，細胞増殖刺激を核へと伝え，細胞を増殖させる役割をもっているが，その変異型である *v-src* 遺伝子産物は，外から細胞増殖刺激がなくても構わず核へと細胞増殖シグナルを伝えてしまうため，細胞は無制限の増殖を始めるようになる（図6・19）．

このほかにも，ウイルスが原因で様々な動物にがんが生じることがわかっている．人間のがんで，ウイルスが原因で発生するものは少ないが，EBウイル

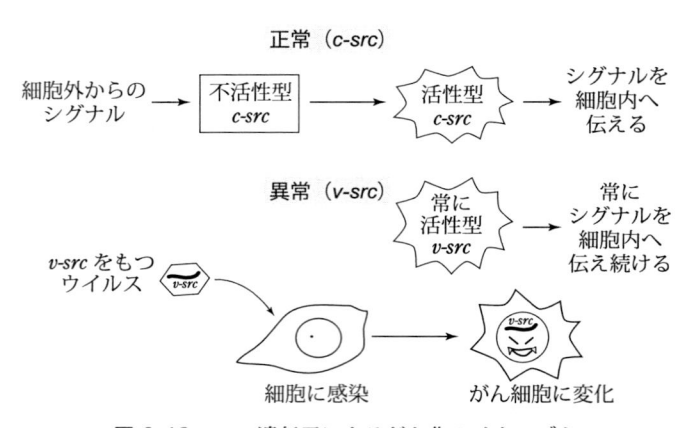

図 **6・19**　*v-src* 遺伝子によるがん化のメカニズム

スによるバーキットリンパ腫や，アデノウイルスによる子宮頸部がんなどが知られている．

e. がんの生物学的特徴 がん（細胞）には，正常組織（細胞）にはない様々な生物学的特徴がある（図6・20）．まず第一に，増殖シグナルが外部から伝えられなくても勝手に増殖することと，それによりもたらされる**無限増殖**の可能性である．第二に，増殖にブレーキをもたらすようなシグナルに対して無反応になっている．第三に，正常組織でしばしば見られる細胞の自殺，**アポトーシス**をけっして起こさなくなっている．第四に，**血管新生**を誘導して独自の血管をつくり出し，栄養補給を勝手に行って成長する．そして第五に，原発巣を飛び出して周囲の組織に浸潤，あるいは血流などに乗って遠くの臓器に転移する．こうした特徴を，たった1個の遺伝子異常だけで手に入れることは難しい．ほとんどのがんは，1個だけではなく，複数の遺伝子異常が関与し，これらの特徴を有するようになっていると考えられている．

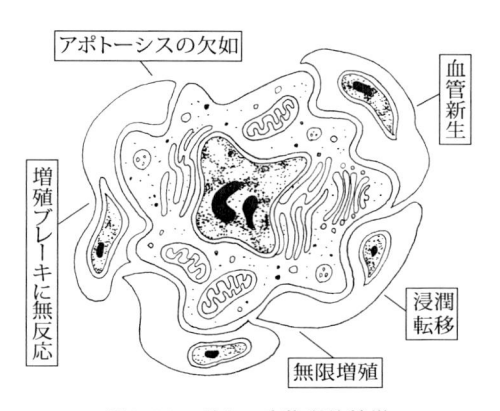

図6・20 がんの生物学的特徴

コラム　がんの研究史

がんは，古代ギリシャあるいはそれ以前の時代からすでに知られていたが，その原因については20世紀になるまでついぞわからず，それまで，がんの原因に関する諸説が珍説を含めて多く発表されてきた．ガレノスは著書『腫瘍論』においてがんに関する考察を行ったが，彼の基本はやはり体液説であって，がんは大量にできた黒胆汁が体内に鬱積することで生じるというものであった．19世紀に至るまで，あるいは20世紀に入ってもなお，様々な球菌ががんを形成するという説，胞子虫というある種の原生生物が寄生することで

次ページへ

がんが起こるという説などが，まことしやかに発表されていた．そもそもがん（cancer）の語源は，恐ろしい苦痛をその餌食に与え，これをむさぼり食う悪魔のカニ，シャンクル（ラテン語で cancer）であった．17 世紀フランスの外科医ディオニは，「そこに見られる脈管はザリガニが肢を広げた様に似ている．しかも，この状態で乳腺の中に腫瘍がしっかりと根づいているので，シャンクルの鋏の形をした肢でつかまれるとそれを引き離すことができないのと同様，その腫瘍を乳腺から引きはがすことはできないのである」と述べている（ダルモン 1997）．しかし，こうした恐ろしい怪物のイメージは，細胞説の確立，フィルヒョーによる細胞病理学の発展，ラウスによるウイルス発がんの発見などの知見により徐々に消滅し，やがて内なる細胞の変容というイメージへと移り変わっていった．

6·4 免疫系

体を健康に保つこと，体が病気に罹ることと密接に関係しているのが，私たちの体を外部からの攻撃から守っているシステム，免疫系の存在である．果たして免疫系とはどのようなシステムで，どのように私たちの体を防衛しているのだろうか．

(1) 自己と非自己の認識

a. 生体防御 生物は，様々な異物に取り囲まれて生きているといってよい．私たちの身の回りを見ても，空気中には目に見えない微生物やウイルスが漂い，排気ガスの成分である細かい微粒子が浮かび，これを私たちは毎日のように吸って生きている．それでも私たちがなかなかこうした異物の影響を受けず，またすぐに病気になったりしないのは，体がこうした異物を排除する仕組みをもっているからである．このような，生物がもっている生体を守る仕組みのことを**生体防御**という（図 6·21）．

b. 異物であるとどう認識するか ところが考えてみると，"異物" というものの定義がかなり曖昧であることに気が付く．すでに述べてきたように，私

6・4 免疫系

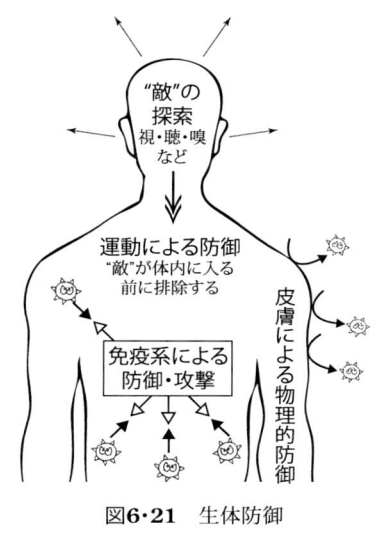

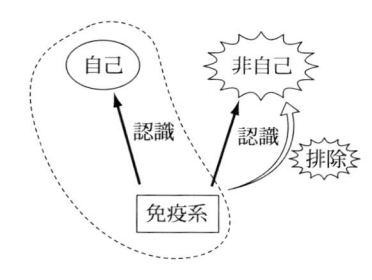

図6・21 生体防御

図6・22 自己と非自己の認識

たちの体は元を正せば，数えるほどしかない少数種類の元素からできている．人間と同じ生物である細菌などの微生物もこれと同じである．果たして生体は，何をもって血液中に浮かんでいる「それ」を異物であるとみなし，気管支の粘膜にとりついた「それ」を排除すべきものであると認識することができるのだろうか．

　c. **自己と非自己の識別**　この，自己と非自己を識別する能力こそ，高度に発達した**免疫系**のもつ最大の特徴であるといえる（図6・22）．免疫系は，哺乳類や鳥類で高度に発達しているが，その萌芽は無脊椎動物にも見られる．免疫には自然免疫と獲得免疫があり，この両者が分担しあいながら，私たちの体を外敵や異物から守っている．

(2) 抗体と抗原

　a. **自然免疫と獲得免疫**　無脊椎動物がもっている原始的な生体防御反応と，それに由来する免疫反応は，外から侵入してくる異物を，言わば無差別的に攻撃するものである．**自然免疫**（**先天性免疫**）は，生物が本来もっているこうした非特異的な免疫反応の総称であり，食細胞，ナチュラルキラー細胞とよばれる免疫細胞が担っている．これに対し**獲得免疫**（**後天性免疫**）は，各個体が後天的に獲得する，外から入ってくる異物（**抗原**）のそれぞれに対して特異的に反応する免疫のことを言う．すなわち獲得免疫は，個体が誕生した後，どのような種類の抗原と接触するかによって，その様相が違ってくるものである．

b. 抗 体 獲得免疫の主役は**抗体**である．抗体の正体はタンパク質であり，**免疫グロブリン**とよばれる血清グロブリンの一種である．免疫グロブリン（Ig）にはIgG，IgM，IgA，IgD，IgEの5種類があり，通常抗体として作用するのは**IgG**である．

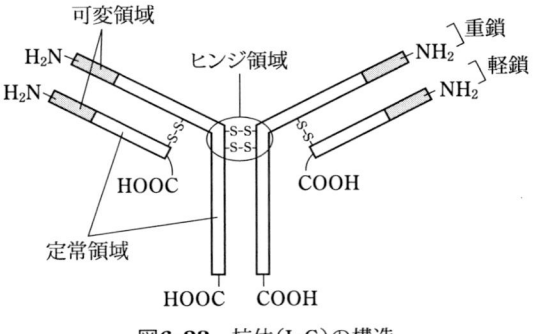

図6・23 抗体（IgG）の構造

抗体は，4個のサブユニットからなる（図6・23）．2個のL鎖（軽い鎖）と2個のH鎖（重い鎖）から成り，このそれぞれが図のように**ジスルフィド結合**（-S-S-の部分）とよばれる非常に強固な結合によって結び付けられた構造をしている．抗体分子は，**可変領域**と**定常領域**という二つの領域に大きく分けられる．定常領域のアミノ酸配列は，どの抗体もすべて同じであるが，可変領域のアミノ酸配列は，抗体の種類ごとに異なっている．

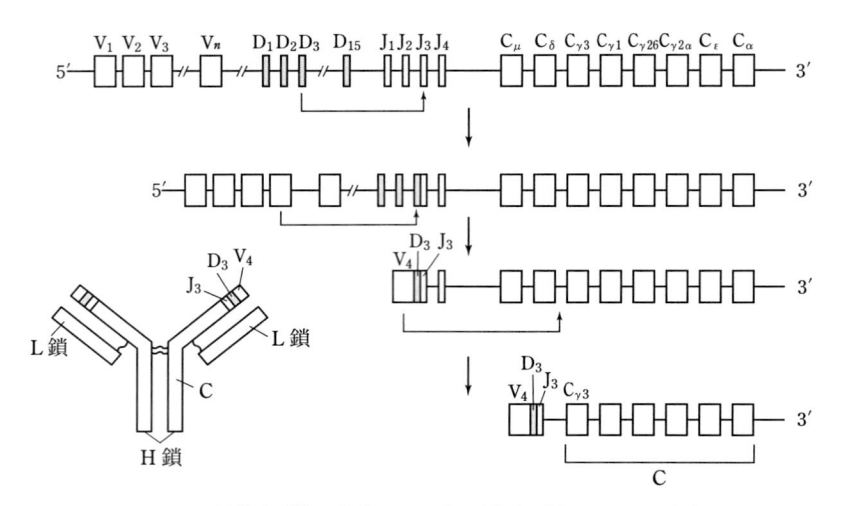

図6・24 抗体（H鎖）の産生メカニズム（小山・大沢 2004より改変）
H鎖遺伝子は組換えにより生じ，組換えによって多様性が生じる．

c. 抗体の産生 抗体は，体内に何らかの抗原が侵入した後，B細胞が活性化した**抗体産生細胞**（プラズマ細胞）によって産生される（図6·24）．抗原になりうる物質は，タンパク質，多糖類，核酸といった比較的大きな分子である．分子量が少なくとも1万以上ないと抗体が認識することができないので，それ以下の低分子物質はたいていの場合，抗原にはならない．細菌が体内に侵入した場合，細菌の細胞表面に存在するタンパク質などに対して抗体がつくられる．細菌の表面には，抗原となりうるタンパク質が複数存在しているので，1種類の細菌に対し，たいてい複数種類の抗体がつくられる．この，抗原となりうるタンパク質の中で実際に抗原となる部分（抗体が結合する部分）を**抗原決定基**という（図6·25）．

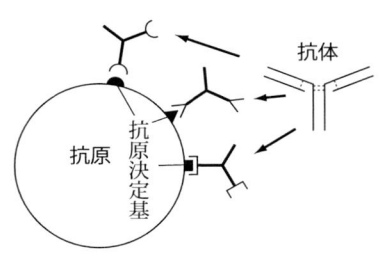

図6·25 抗原決定基と抗体
抗体の種類（可変領域の形）によって結合しうる抗原決定基は異なる．

d. 抗原抗体反応 抗体が抗原と出会ってこれと特異的に結合すると（**抗原抗体反応**），これらは大きな複合体になって凝集し，白血球などの**食細胞**によって**貪食**され，破壊される．

(3) T 細 胞

免疫担当細胞には様々なものがあるが，その中でもとりわけ重要な細胞がリンパ球とよばれる細胞である．

a. リンパ球 リンパ球は無顆粒白血球とよばれる**白血球**の仲間であり，骨髄に存在する**造血幹細胞**からつくられる（図6·26）．造血幹細胞が分裂増殖した初期の細胞のうち一部のものは，心臓の上部に覆いかぶさるようにして存在する臓器である**胸腺**へ移動し，そこで成熟したリンパ球となる．これを**T細胞**という．胸腺へ移動せず，

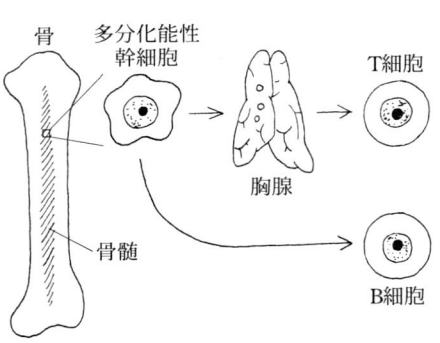

図6·26 リンパ球の成熟

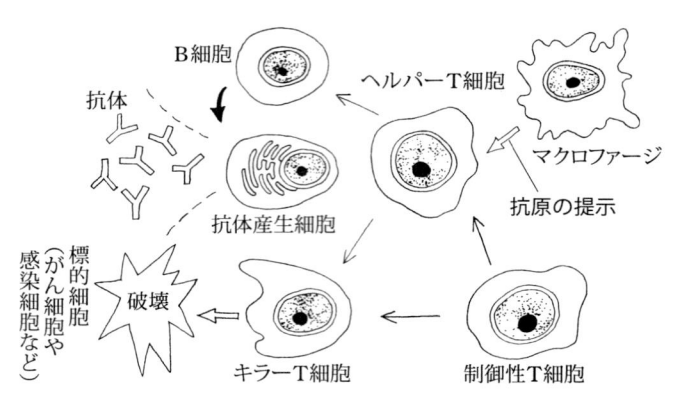

図6・27　T細胞の様々なはたらき

骨髄中で成熟すると，そのリンパ球はB細胞となる．鳥類では，B細胞は**ファブリキウス嚢**とよばれる臓器に移行し，そこで成熟する．また，同じ造血幹細胞からは，赤血球やマクロファージなどの細胞も分化する．

b. T細胞の種類　T細胞は，全リンパ球の70％を占め，免疫反応に対して指令的な役目，あるいは直接的な役目を果たす．**ヘルパーT細胞**は，B細胞による抗体産生や**キラーT細胞**の活性化を助け，またキラーT細胞（細胞傷害性T細胞）は，T細胞抗原受容体を介して抗原特異的に，標的細胞に対してアポトーシスを引き起こし，これを死に至らしめる．**制御性T細胞**は，免疫反応を抑制し，自己反応性T細胞などの活動を抑えるはたらきをもつ（図6・27）．

(4) 免疫系と病気

a. 日和見感染　すでに述べたが，私たちの体の表面には表在細菌がつねに付着しているし，空気中にも多くの細菌が浮遊している．何らかの原因で免疫系が正常にはたらかない場合，正常であったときにはけっして罹らないと思われる病気に罹ることがある．それが，こうした細菌の感染あるいは異常な増殖によるものであった場合，これを**日和見感染**という．

b. 免疫系が衰弱する原因　免疫系がどういうときに衰弱するかは個人個人によって異なるし，また状況によっても異なる．一般的には，がんによる衰弱，エイズや肝不全，糖尿病などによる免疫系の衰弱，薬剤の使用による免疫力の

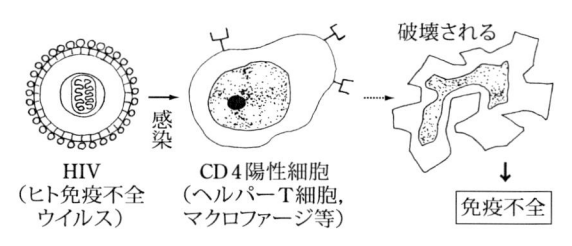

図6・28　エイズの発症機序

低下，そして老化による免疫力の低下が挙げられる．

c. 免疫不全症候群　免疫系が何らかの原因によって低下し，日和見感染にかかりやすくなった状態を**免疫不全症候群**といい，先天性のものと後天性のものがある．後天性免疫不全症候群の代表が**エイズ**である．HIV（ヒト免疫不全ウイルス）は，血液や精液などを通してヒトに感染すると，免疫系の指令塔ともいえるヘルパーT細胞など，CD4という細胞表面受容体をもつ免疫細胞に感染し，これを破壊する（図6・28）．

d. 自己免疫疾患　老化と密接に関係していると思われる免疫系の病気が**自己免疫疾患**とよばれる一群の免疫疾患であり，臓器特異的自己免疫疾患と，全身性免疫疾患の2種に大別される．これはその名の通り，免疫系が自分自身を異物，すなわち「非自己」と認識してしまうことにより引き起こされる病気であり，その原因はまだよくわかっていない．膠原病では，多くの組織が免疫系によって攻撃されると考えられているが，その原因は不明である．

コラム　モノクローナル抗体

1984年，**ケーラー**（G. J. F. Köhler, 1946〜1995），**ミルステイン**（C. Milstein, 1927〜2002）という2人の免疫学者がノーベル生理学医学賞を受賞した．ケーラーとミルステインへの授賞理由は，モノクローナル抗体の理論的基礎を構築したことであった．**モノクローナル抗体**とは，その名の通り，ある抗体の単一のクローンのことである．本文中でも述べた通り，細菌などの異物には通常，複数の抗原決定基が存在するため，私たちの体の中でも，その複数の抗原決定基を認識するため複数種類の抗体が産生される．しかし，1個の

次ページへ

B細胞（抗体産生細胞）がつくり出せる抗体は1種類である．ケーラーとミルステインは1975年，このたった1個の抗体産生細胞に，ミエローマというリンパ球系がん細胞を細胞融合させることで無限増殖能を獲得させ，これをクローニングする仕組みを明らかにし，1種類の抗体の単一なクローンを試験管内で大量につくらせることに成功した（図6・29）．モノクローナル抗体は，1種類の抗原決定基のみを認識する特性から，生体や細胞に微量にしか存在しない物質を検出したり，これを精製するための担体に利用したりといったことに応用され，免疫学上の貢献のみならず，細胞生物学におけるタンパク質の機能解析や，がんをはじめとする各種病気の診断など，幅広い分野で実用化されている．

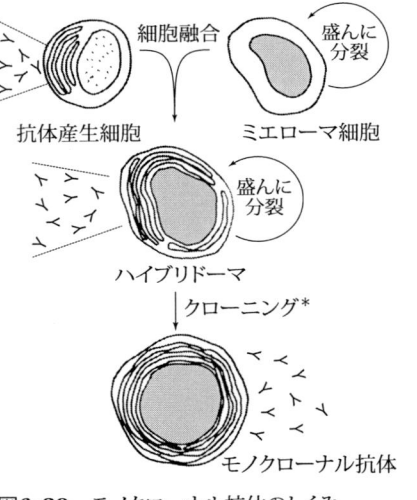

図6・29 モノクローナル抗体のしくみ
*1個のハイブリドーマに由来するクローンをつくる．

◀練習問題

1) 多細胞生物と単細胞生物の境界線上にある性質をもつ生物を挙げ，それがどのような性質なのかを説明せよ．（例：群体など）
2) 生殖細胞が体細胞と異なるのはどういう点か．
3) ヘイフリック限界について説明せよ．
4) テロメアと老化の関係について説明せよ．
5) がん細胞が不死である理由の一つとして考えられていることとは何か．
6) ビタミンCのはたらきと，その欠乏によりもたらされる病気について簡単に述べよ．
7) がん化の原因として考えられるものを三つ挙げよ．
8) がんの生物学的特徴を五つ挙げよ．
9) 抗体のはたらきについて説明せよ．
10) T細胞の種類と，それぞれのはたらきを述べよ．

7 人間と現代生物学

【本章を学ぶ目的】

現代社会では，遺伝子，生命倫理，食生活，衛生，環境，少子化問題など，生物と人間に関わる様々な問題が生じている．そうした諸問題に対し，生物学がどのように関わり，また生物学によってどのように解決できるかを探ることが，これからの社会にとってはきわめて重要な意味をもつ．この最終章では，現代生物学が担うべき課題を上記からいくつか取り上げ，読者自身で考えていただくきっかけをつくる．

7·1 遺伝子技術の発展

現代社会には「生命」とその人為的な操作に関わる倫理的な問題が数多く横たわっている．科学の進展にとって，科学者の純粋な好奇心の存在と，それを満足させようとする欲求は，常に重要な原動力となる．科学は真理を追究する学問である．生命科学の進展は，人間を生物の一つとみなして研究の対象としてきた．それによりかえって，長い間培ってきた人間社会の思想基盤である哲学的背景が置き去りにされてきた．このことが，現在の生命倫理問題発生の根本にある．

ワトソンとクリックにより DNA の構造が明らかにされてから数年後，アメリカの生化学者**コーンバーグ**（A. Kornberg, 1918〜2007. 図7·1）によって大腸菌から DNA を合成する酵素 **DNA ポリメラーゼ**が発見された．コーンバーグはさらに，この発見した DNA ポリメラーゼを用いて，試験管内で人工的に DNA を合成することに成功した．これにより，実験室で DNA を取り扱うことのできる技術（**組換**

図7·1 コーンバーグ

え DNA 技術）の礎が築かれた．

世界初の組換え DNA 実験は 1972 年に米国の分子生物学者バーグ（P. Berg, 1926～）により行われた．またその翌年には，**制限酵素**を用いた世界初の組換え DNA 実験が行われた（図 7・2）．

遺伝子を取り扱い，これを解析する技術の進歩には，DNA の塩基配列決定法が**サンガー**（F. Sanger, 1918～2013），**ギルバート**（W. Gilbert, 1932～）らによって開発され，さらに **PCR（ポリメラーゼ連鎖反応）法**が**マリス**（K. B. Mullis, 1944～）によって開発されたことが大きく貢献していると言えよう．PCR 法は，耐熱性 DNA ポリメラーゼを利用した非常に簡便なもので，ある特定の遺伝子断片だけを効率よく増幅させることができる（図 7・3）．その結果，遺伝子のクローニング技術が大きく進歩した．

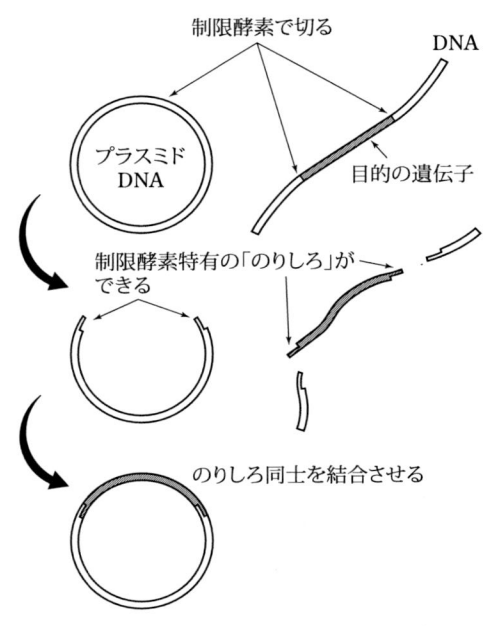

図7・2 制限酵素を用いたDNA組換え実験

こうした技術の発展により，DNA 上の遺伝情報を改変し，人間に都合のいい作物や家畜を生産するという流れが起こるのは当然のことであった．組換え DNA 技術は，DNA を中心とした生命観を人々にもたらし，遺伝子の構造と機能の解明の流れを加速させ，その知見を利用した医療，農業への応用を可能にした．ところがそれと同時に，それまでにはなかったまったく新しいタイプの社会問題をももたらすことになった．

図7・3　PCR法

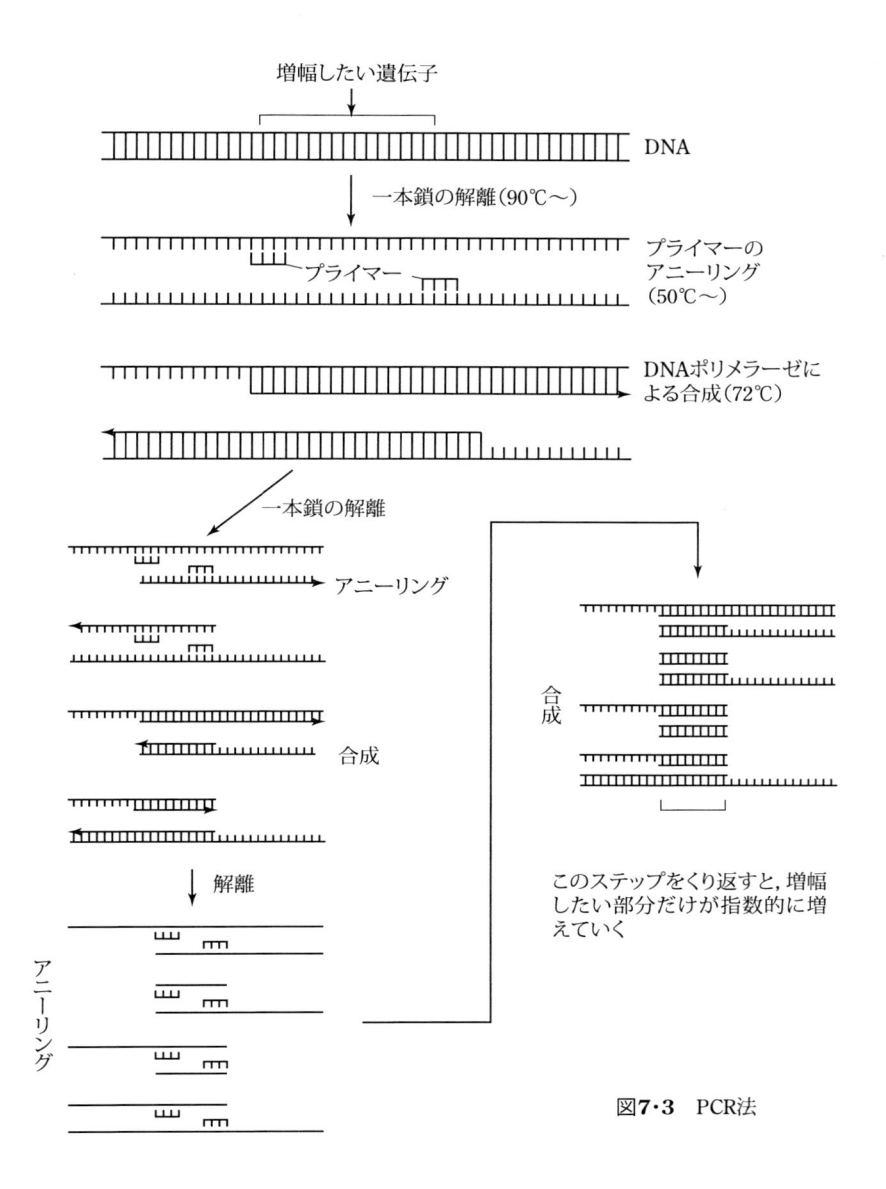

7・2 遺伝子に関する技術と問題

(1) 遺伝子組換え作物

遺伝子組換え技術の最初の産物とも言えるのが，**遺伝子組換え作物**である．原初以来の農耕は，自然環境に合わせて様々な作物を人為的に交配し，人間にとって都合のいい作物を作出する**品種改良**によって徐々に発展してきた．この品種改良を，遺伝子を直接改変することで達成したのが遺伝子組換え作物であると言える．

遺伝子組換え作物には，その目的に応じて耐病性作物，殺虫性作物，除草剤耐性作物などがあり，またその他に特定の遺伝子の活動を封じた作物がつくられている．米国ではかなり広く普及しているが，日本などでは消費者の間で広く認知されているとはいえず，あまり普及はしていない．むしろこれに関しては，遺伝子組換え作物であるか否かを食品に表示するしないといった問題を含め，社会問題化する傾向にある．

(2) 遺伝子治療と遺伝子診断

1990年に世界で初めての**遺伝子治療**が，アメリカの国立衛生研究所（NIH）において執り行われた（図7・4）．対象となった疾患はアデノシンデアミナーゼ欠損症（**ADA欠損症**）とよばれるもので，生まれつき核酸代謝に重要な酵素であるADA遺伝子に異常がある患者に対し，正常ADA遺伝子が体内に注入された．同じ病気に対する遺伝子治療は，日本でも1995年，北海道大学において行われた．

一方，ある病気の原因となる遺伝子が特定され，その遺伝子のどのような異常が病気に繋がるのかが明らかになると，その遺伝子異常の有無を調べることでその病気にかかるかかからないかの予測がつくようになる．このよう

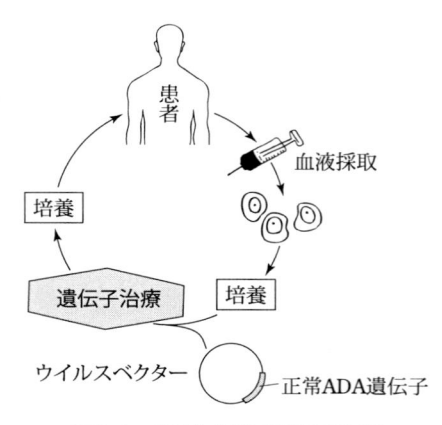

図7・4　ADA欠損症の遺伝子治療

に遺伝子を解析することによって病気を診断する方法を**遺伝子診断**という．

　遺伝子治療や遺伝子診断の対象は，解析技術の進歩に伴って多くの病気へと広がっているが，その反面，遺伝子を操作すること，あるいは個人個人の遺伝子を解析して異常の有無などを明らかにすることに対する倫理的な拒絶感も広がっている．とりわけ遺伝子診断については，優生思想の広がりにつながるのではないか，あるいは遺伝子差別につながるのではないかといった懸念もあり，社会の拒絶感は根強い．

7・3　食の問題

　「飽食の時代」と言われる現代を生きる日本人にとって，食糧問題を実生活において感じる機会はほとんどなく，どちらかと言えば縁遠い問題であるかのように思われる．ところが全地球的にみると，全人口の 7 分の 1 に当たる人たちが飢餓状態にある．同じ地球の上で，私たちと同じ種 *Homo sapiens sapiens* であるはずの人たちが飢えている．このことを考えると，飽食状態にある日本人は，せめて正しい食のあり方を追求すべきであると思わずにはいられない．

　生活習慣病が，まだ幼い少年少女たちの間にも広がりつつある現状について，国は**食育**という言葉を用いた改善の取り組みに，すでに乗り出している．生活習慣病は，消費するエネルギー量を，摂取するエネルギー量が上回ることが根本的な原因の一つであろう．生物は，摂取するエネルギー量が過剰になった場合，これを脂肪として貯蔵する仕組みを元来保有している．人間とて特別ではない．現代生物学は，生物の基本的な営みである食物の消化吸収と物質代謝の正確な知識の伝達を，「食育」に役立てるべきであろう．

7・4　少子化に関する問題

　戦後，順当に増加の一途をたどってきた日本の人口は，2006 年についに減少に転じた．理想的な人口の分布はピラミッド型であると言われる．つまり年齢が高くなるに連れて人口は減り，年齢が低くなるに連れて人口が増える．最も人口が多いのが乳幼児である．年齢が高くなるに連れ，親や周囲の庇護が徐々

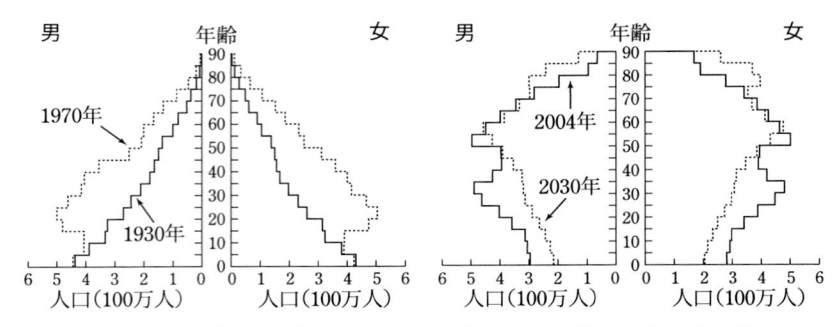

図7・5 わが国の年齢別人口分布（「日本統計年鑑 昭和61年版および2006年度版」より改変．2030年は国立社会保障・人口問題研究所の中位推計値による）
男女，年齢（5歳階級）別の人口ピラミッド．90歳以上は省略．

になくなって自立していくに従って，死亡率も高くなっていくからである．乳児の数が年齢層の中で最大でなければ，人口は徐々に減っていく．現代の日本は，下へ行くほど，つまり年齢が低くなるにつれ人口が減る，先細りの花瓶型をしている（図7・5）．これから最も死ぬであろう団塊の世代が最も人口が多く，死から最も遠い位置にいる乳幼児の人口が少ない．

第4章で述べたように，生物にとって，その一生で最大のイベントであり，生物が生きる最大の目的は，**受精**にある．人間は，生物の世界から大きくはずれ，独自の社会を築き上げてしまったが故に，この生物としての最大の目的をすっかり忘れ去ってしまったように思える．現代生物学の大きな使命の一つは，生物としての人間という視点をもう一度見直し，社会構造の変革を推進して受精しやすい（つまり結婚しやすい）環境をつくるよう働きかけることであろう．

7・5 環境問題

(1) 道具と火

道具の発明は，人間が生態系の中で"受動的に"生きていた時代を，"能動的に"あるいは積極的に生態系へ挑戦する時代へと変えた．

第1章で述べたように，人類史上で最初に道具を用いたと考えられているのは，今から250万年ほど前に現れた**ホモ・ハビリス**である．化石などの調査

により，ホモ・ハビリスは肉切り包丁や手斧などの簡単な石器をつくり，これを使って食料を"調理"して食べていたことがわかっている．包丁とはいっても，現在のようなスレンダーでそれらしい形をしているわけではなく，石同士をぶつけ合って一部を削り取り，するどいエッジをつくり出した単純なものである（図7・6）．

　より高度な道具を発明したのは，今から160万年ほど前に現れた**ホモ・エレクトゥス**である．ホモ・エレクトゥスは，ホモ・ハビリスよりも体格が大きく，より精巧で効率よく獲物をしとめることのできる道具を開発したと考えられている．ドイツでは，およそ40万年ほど前のものと思われる投槍が発見されており，これで大規模な狩りを敢行したものと考えられている．火を使い出した最初の人類は，おそらくこのホモ・エレクトゥスである．火を起こす術を身につけ，これを意図的に使い出したとき，人間の歴史は大きく変化したと言えるだろう．なぜなら火は，生活環境を激変させる大きな力をもち，食料にできる対象を一気に広げたからである．

図7・6　ホモ・エレクトゥスの"石の手斧"（ケイン 2004を参考に作図）

(2) 産業革命以前

　産業革命以前の人間にとって，環境問題というものがもし存在していたのだとしたら，それは自分自身の居住空間と自然との関係をどのように構築していくかという，純粋に物理的なものであったろう．

　樹木を伐採し，火を使って焼き，そこに新しい生息場所をつくり上げる．樹木の伐採という行為は，道具を発明した人間にしかほぼできない行為であり，その意味では，たとえ産業革命以前であっても人間の活動は，それまでに構築され，システムとしてバランスを保っていた生態系とは相容れないものであったとも言える．森林火災は自然の状態でもしばしば生じるが，人間はその生活の手段として意図的に火を用いはじめた．これも生態系のバランスを崩す一つであったことは間違いない．

(3) 産業革命以後

イギリスで起こった産業革命以降，人間の生活に**化石燃料**が利用されるようになった．石油や石炭などの化石燃料は，大気と生物との間を循環することなく，地中深く貯蔵されていた，言ってみれば"炭素の塊"である．この貯蔵炭素を人間が利用するということは，新たな炭素を二酸化炭素として放出することを意味し，その分，大気中の二酸化炭素濃度が増加することを意味する．大気中の**二酸化炭素濃度の上昇**は，地表面から放出される赤外線の吸収へとつながり，それが，地球が発する熱を宇宙空間へ逃がさないようにする効果をもたらす．こうした現象を**温室効果**という．

気温の上昇は，農作物に影響を与え，国土の乾燥化を進め，海面を上昇させると考えられている（図7・7）．これは人間だけの問題ではなく，地球生態系規模の問題でもある．もちろん二酸化炭素濃度の上昇などによる**地球温暖化**だけではなく，化石燃料の消費により生み出された人間活動の活発化は，生態系の攪乱，フロンガスの放出による**オゾン層の破壊**といった様々な，言ってみれば生態系破壊とも言える現象を生み出してきた．

人間も生態系の一員として進化し，今ここに存在していることを，私たちはけっして忘れてはならない．これを忘れたとき，私たちはおそらく，繁栄とはまったく逆の道を歩むことになるだろう．

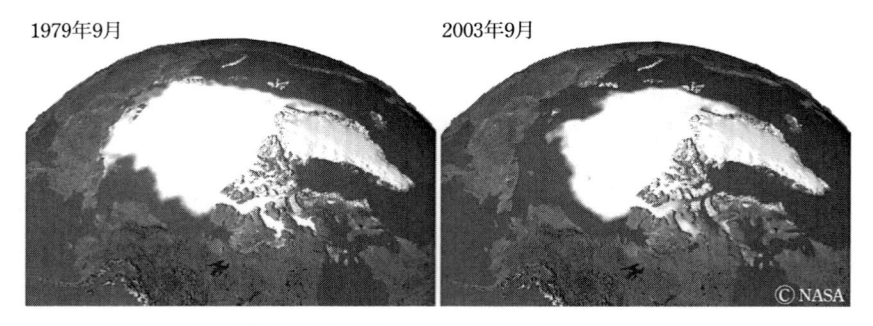

図7・7 地球温暖化の影響と見られる北極の氷の融解（画像提供：NASA）
北極圏の海氷が最も少なくなる9月に観測される氷は，1979年から2000年までの平均的な量と比較すると，最近では約20%減少している．

7・6 生物学を楽しむこと

『人間のための 一般生物学』と銘打って，卑見を交えながら書き進めてきた本書も，いよいよこの節で最後となる．これまで読み進めていただいた読者の皆さんに，最後にここで，「生物学を楽しむ」ことを知っていただきたいと思っている．生物学は記載の学問でもなければ暗記するだけの学問でもない．生物学は，人間の生き方と密接に関係していること，いやむしろ人間の生き方そのものを学ぶ学問である．

アリストテレスがなぜ生物に興味をもったかについて考えてみよう．身の回りに生きる生物たちの多種多様な生き方やその形は，アリストテレスでなくても，おそらく好奇心旺盛な子どもたちの心をしっかりと捉えるだろう．この世界には，なんと豊かな可能性が存在していることか．赤いチューリップだけが一面に生えているより，様々な色のチューリップ，いやチューリップだけが生えているより，様々な形をもった多くのきれいな花が咲き誇っている方が魅力的である（むろん，モノトーンに魅力を感じる場合もあるけれども）．

生物学はそもそも**博物学**として発展してきたという背景をもつ．古来の博物学は，**標本の採集**とその**綿密な観察**に重きを置き，自然の驚異に対する好奇心がその発展を後押しした．ある学者は，博物学は科学と文学のあわいに存在する「美的科学」であると言い，むしろ「博物学を科学として扱い，博物学が現代的な意味で言う科学的になることを期待するのは，博物学にとって好ましいことでない」（メリル 2004）という考えがふさわしいと思うのは，博物学が人間の文化的，精神的特性をふまえて発展した学問であるが故であろう．

定置網にかかったダイオウイカが漁船に引き上げられると，常日頃生物に関心のない人々も，いっせいにそのニュースに耳を傾ける．未知の生物というと，私たちの心の中にあるSFに対する好奇心が刺激され，おそらくそれで，人々は大いなる関心を向けるのだろう．現在，生物の世界で最も関心が寄せられている一つが，深海に生息する未知なる生物たちであるに違いない．未知なる生物がなぜ注目を集めるかといえば，人間には知的好奇心というものがあり，それが，まだ集めていない知識を集めたいという欲求を満たそうとするからである．人間は，大脳をいたずらに発達させてしまったが故に，知的欲求を常に持

ちつづける生物になってしまったが，それをよい方向へ向けられるか否かは，これからの人間の考え方次第である．与えられる情報を鵜呑みにし，受動的にこれを甘受するだけでは，せっかくの発達した大脳は意味をなさなくなる．

とにかく，自然の造形物のあらゆるものを収集（蒐集）するのは楽しいことである．博物学は，現代の生物学者（とくに分子生物学者）からはほとんど顧みられなくなってしまったが，好奇心と，心の底から沸き立つ自然への憧れ，そしてこれを楽しむという考えなくして，生物学と人間の発展は望めないということを，生物学を学ぼうとする人間はもう一度考え直す必要があるだろう．

コラム　未来の進んだシロアリ社会

生物学者たちの予測によれば，現在でも社会性昆虫として高度の社会を形成しているアリの仲間は，「ヒトが絶滅した後」の世界で，さらに高度に組織化された社会を形成しているらしい．イギリスのサイエンス・ライターのディクソンらは，多くの生物学者らの学術的なデータに基づいて，2億年後には現在のシロアリが進化した生物「テラバイツ」が，現在のシロアリよりも高度な社会性を身につけると予測している．現在よりも砂漠化が進んだ結果，テラバイツは地下水脈を利用したコロニーを形成し，太陽の光がよくあたる部分で藻類を培養して光合成を行わせ，食料であるデンプンをつくらせている（図7・8）．ディクソンは言う．「テラバイツの複雑な社会組織を見ていくと，コロニー全体が何を必要としているかを常に理解しているような一つの共同知性体が存在しているように思えてくる．」（ディクソン他 2004）果たして，現在の人間の"コロニー"は，その全体が何を必要としているか，本当に"常に"理解しているだろうか．むしろ人間は，社会全体がけっして必要としないような無駄なものを，あえてつくり出しているようにも思える．人間が，他の生物から学ぶことはまだまだ多いようである．

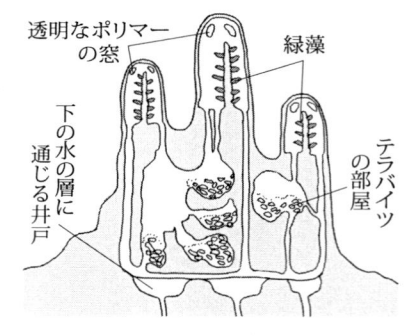

図7・8　未来のシロアリ（テラバイツ）の精巧な"社会"（ディクソン 2004より改変）

参考書・出典一覧

『イヴの乳 －動物行動学から見た子育ての進化と変遷－』小原嘉明 著，東京書籍，2005.
『五つの王国　図説・生物界ガイド』L. マルグリス他 著，川島誠一郎 他訳，日経サイエンス社，1987.
『岩波 生物学辞典（第4版）』岩波書店，1996.
『ヴォート 生化学（第3版）』D. ヴォート 他著，田宮信雄 他訳，東京化学同人，2005.
『江戸の植物学』大場秀章 著，東京大学出版会，1997.
『癌の歴史』P. ダルモン 著，河原誠三郎 他訳，新評論，1997.
『細胞 －そのひみつを探る－』重中義信 著，共立出版，1994.
『社会生物学』E. O. ウィルソン 著，伊藤嘉昭 監修，新思索社，1999.
『シリーズ進化学4　発生と進化』佐藤矩行 他著，岩波書店，2004.
『新・細胞を読む －「超」顕微鏡で見る生命の姿－』山科正平 著，講談社ブルーバックス，2006.
『新編 家畜比較解剖図説 －上巻－』加藤嘉太郎・山内昭二 共著，養賢堂，2003.
『精子戦争 －性行動の謎を解く－』R. ベイカー 著，秋川百合 訳，河出書房新社，1997.
『生物科学入門（三訂版）』石川　統 著，裳華房，2003.
『キャンベル 生物学』N. A. キャンベル 他著，小林　興 監訳，丸善，2007.
『ケイン 生物学』M. ケイン 他著，石川　統 監訳，東京化学同人，2004.
『生物学と人間』赤坂甲治 編，裳華房，2000.
『生物学の歴史』C. シンガー 著，西村顕治 訳，時空出版，1999.
『生命科学史』遠山　益 著，裳華房，2006.
『生物講義 －大学生のための生命理学入門－』岩槻邦男 著，裳華房，2002.
『生命のセントラルドグマ － RNA がおりなす分子生物学の中心教義－』武村政春 著，講談社ブルーバックス，2007.
『生命は RNA から始まった』柳川弘志 著，岩波科学ライブラリー，1994.

『脊椎動物の進化（原書第5版）』E. H. コルバート 他著，田隅本生 訳，築地書館，2004.
『藻類多様性の生物学』千原光雄 編著，内田老鶴圃，1997.
『**DNA**の複製と変容』武村政春 著，新思索社，2006.
『**DNA**複製の謎に迫る －正確さといい加減さが共存する不思議ワールド－』武村政春 著，講談社ブルーバックス，2005.
『トートラ 解剖学』G. J. トートラ 著，小澤一史 他監訳，丸善，2006.
『南山堂 医学大辞典（第17版）』南山堂，1990.
『バイオスフィア実験生活 －史上最大の人工閉鎖生態系での2年間－』A. アリング 他著，平田明隆 訳，講談社ブルーバックス，1996.
『博物学のロマンス』L. L. メリル 著，大橋洋一 他訳，国文社，2004.
『ヒトと動物 －野生動物・家畜・ペットを考える－』林 良博 他著，朔北社，2002.
『ヒトの生物学（改訂版）』太田次郎 著，裳華房，1989.
「Virchow 小記」吉田富三，『ウィルヒョウ 細胞病理学 －生理的及び病理的組織学を基礎とする－』ウィルヒョウ 著，吉田富三 訳，南山堂，1979.
『フューチャー・イズ・ワイルド －驚異の進化を遂げた2億年後の生命世界－』D. ディクソン 他著，松井孝典 監修，ダイヤモンド社，2004.
『分子細胞生物学辞典』村松正実 他編，東京化学同人，1997.
『分子細胞生物学（第5版）』H. ロディッシュ 他著，石浦章一 他訳，東京化学同人，2005.
『分子進化 －解析の技法とその応用－』宮田 隆 編，共立出版，1998.
『哺乳類の生物学④ 社会』三浦慎悟 著，東京大学出版会，1998.
『免疫学の基礎』小山次郎・大沢利昭 著，東京化学同人，2004.
『物語・人間の医学史』R. コールダー 著，佐久間 昭 訳，平凡社，1996.
『ワンダフル・ライフ －バージェス頁岩と生物の進化の物語－』S. J. グールド 著，渡辺政隆 訳，早川書房，1993.
Grassé, P.-P. ed., "Oiseaux", Traité de Zoologie Tome 15, Masson et Cie, Paris. 1950.
Noller, H. F. "RNA structure: reading the ribosome", *Science* **309**, 1508-1514, 2005.

（以上 書名五十音順）

人名索引

ア 行

アリストテレス　*3,189*
アルトマン, R.　*132*
アルトマン, S.　*152*
ウィルソン, E. O.　*111*
ヴェサリウス, A.　*5*
ウォルフ, C. F.　*46*
ウォレス, A. R.　*22*
宇田川榕菴　*46*
エーヴリー, O. T.　*8,132*
岡崎令治　*121*
オパーリン, A. I.　*14*

カ 行

ガレノス, C.　*4,173*
木村資生　*24*
キュヴィエ, G. L. C. F. D.　*21*
ギルバート, W.　*138,182*
クリック, F. H. C.　*8,133*
グリフィス, F.　*132*
ケーラー, G. J. F.　*179*
コレンス, C. E.　*127*
コーンバーグ, A.　*181*

サ 行

サンガー, F.　*182*
ジェンナー, E.　*167*
シャルガフ, E.　*134*
シュトラースブルガー, E.　*7*
シュライデン, M. J.　*6*
シュワン, T.　*6*
鈴木梅太郎　*168*
スタール, F. W.　*120*
スパランツァーニ, L.　*43*

タ 行，ナ 行

ダーウィン, C.　*14,22*
チェイス, M.　*132*
チェック, T. R.　*152*
チェルマク, E. S.　*127*
ドーキンス, R.　*131*
ド・フリース, H.　*23,127*
トレヴィラヌス, G. R.　*1*
ネーゲリ, C. W. von　*128*

ハ 行

ハーヴィ, W.　*5,44*
バーグ, P.　*182*
ハクスリー, T. H.　*23*
ハーシェイ, A. D.　*132*
パストゥール, L.　*43*
林崎良英　*137*
ヒポクラテス　*3*
ビュフォン, G. L. L. de　*21*
ファブリキウス, H.　*44*
フィルヒョー, R.　*7,8*
フォン・ベーア, K. E.　*46*
フック, R.　*6,52*
フレミング, W.　*7*
ヘイフリック, L.　*160*
ヘッケル, E. H.　*23*

マ 行

ボーアン, K.　*6*
ホイタッカー, R. H.　*17*

マーグリス, L.　*156*
マリス, K. B.　*182*
マルピーギ, M.　*45*
ミーシャー, J. F.　*8,132*
ミラー, S. L.　*15*
ミルステイン, C.　*179*
メセルソン, M. S.　*120*
メンデル, G. J.　*7,126*
モーガン, T. H.　*128*

ラ 行

ラウス, F. P.　*172*
ラマルク, J.-B. P. A. M. de　*1,22*
リンネ, C. von　*5*
レー, J.　*5*
レヴィーン, P.　*132*
レーウェンフック, A. von　*46*
レディ, F.　*43*
レマーク, R.　*46*
ローレンス, Sir W.　*1*

ワ 行

ワイスマン, A.　*23,159,160*
ワトソン, J. D.　*8,133*

事項索引

数字，欧字

3′末端　*134*
5′キャップ構造　*141*
5′末端　*134*
ADA 欠損症　*184*
ATP　*54,85,87,91*
ATP 合成酵素　*91*
B 細胞　*177*
DNA　*8,118,121,125,129, 131,134,139,172*
　——の格納庫　*54*
DNA 複製　*119,161*
DNA ヘリカーゼ　*121*
DNA ポリメラーゼ　*120, 181*
FADH$_2$　*87*
HIV　*179*
IgG　*176*
miRNA　*137*
mRNA　*136,141*
　——前駆体　*141*
Na$^+$-K$^+$ATP アーゼ　*53,62*
NADH　*87*
NADPH　*91*
N 末端　*147*
PCR 法　*182*
RNA　*8,85,131,134,135*
RNA エディティング　*143*
RNA サーベランス　*142*
RNA ポリメラーゼ　*140*
RNA ワールド　*138*
rRNA　*54,136,145*
siRNA　*137*
tRNA　*136,145*
T 細胞　*164,177*
X 染色体　*103*
Y 染色体　*103*
Z 膜　*37*

ア

アウストラロピテクス　*31*
悪性腫瘍　*171*
アクチンフィラメント　*37, 123*
アセチル CoA　*87*
アセチル化　*131*
アデニン　*134*
アデノシン三リン酸　*85*
アファール猿人　*33*
アポトーシス　*165,173*
アミノアシル化　*136*
アミノ酸　*75*
α-1,4-グリコシド結合　*78*
α-ヘリックス　*77*
アンチコドン　*145*
アンチセンス鎖　*141*
暗反応　*92*

イ

胃　*81*
硫黄循環　*71*
イオンチャネル　*53*
維管束（系）　*20,27,89*
維管束植物　*89*
育児嚢　*113*
一次構造　*76*
一次遷移　*69*
遺伝　*7,12*
　——の染色体説　*128*
遺伝暗号　*144*
遺伝子　*125,129,139*
　——の発現　*54*
遺伝子組換え技術　*184*

遺伝子診断　*185*
遺伝子治療　*184*
遺伝情報　*132*
遺伝病　*169*
イントロン　*141*
インフルエンザウイルス　*167*

ウ

ウイルス　*166*
ウェルナー症候群　*164*
ウラシル　*134*
運動野　*65*

エ

エイズ　*179*
栄養膜　*49*
エキソサイトーシス　*56*
液胞　*57*
エクソン　*142*
猿人　*33*
エンハンサー　*141*

オ

横紋筋　*37*
岡崎フラグメント　*121*
オゾン層　*26,188*
オリゴ糖　*77*
オリザニン　*168*
温室効果　*188*

カ

界　*16*
開口期　*51*
外骨格　*27*
開始コドン　*145*
解糖（系）　*86*

外胚葉　58
解剖学　2
開放血管系　38
海綿状組織　90
化学進化　14
核　54
核移行シグナル　149
核酸　8,134
拡散　53
核質　54
核小体　54
核相　101
獲得免疫　175
核膜　54
核膜孔　54,145
核膜孔複合体　54
学名　16
核様体　17
攪乱　69
カスト制　111
化石燃料　188
家畜　94
花柱　108
割球　47
脚気　168
活性化エネルギー　149
活性酸素　163,172
活動電位　61
滑面小胞体　56
花粉管　108
可変領域　176
カルシウムチャネル　53
カルビン・ベンソン回路
　　92
がん（癌）　171
がん化　171
感覚野　65
肝細胞　83
がん細胞　162
癌腫　171
肝臓　83
カンブリア紀の大爆発　26

キ

器官（系）　58〜60
器官形成　50
気孔　88
基質　150,151
基質特異性　151
基本組織系　89
基本転写因子　141
キモトリプシン　84
旧人　34
共生説　55,157
胸腺　164,177
恐竜　28
極相　69
キラーT細胞　178
菌界　19
筋原繊維　37
菌糸　19
筋繊維　37
筋組織　35,35
均等分裂　103
筋肉細胞　37

ク

グアニン　134
クエン酸　87
クエン酸回路　87
茎　90
クチクラ層　27
組換えDNA技術　181
グラナ　56
グリコーゲン　78,83
クリステ　55
グリセロ糖脂質　80
グリセロール　79
グルコース　77,83,85
グルーミング　110
クレブス回路　87
クロマチン　54,121,130
クロマニヨン人　35
クロロフィル　57,91

群体　158

ケ

形成層　89
茎頂　90
茎葉植物　88
血液循環説　5
血管系　38
血管形成　50
血管新生　173
結合組織　35
血糖値　83
解毒　83
ゲノム　100,129
ケラチン　27,124
原核生物　17,54,156
顕花植物　20
原始腸管　50
原人　33
減数分裂　100,101
現生人類　30
原生生物界　18
原体腔　59
原腸胚　47
顕微鏡　3,6

コ

コアセルベート　14
抗原　175
抗原決定基　177
抗原抗体反応　177
膠原病　179
光合成　73,91
光合成色素　91
後産期　51
後成説　46
抗生物質　166
酵素　149
構造　12
酵素－基質複合体　150
酵素反応速度論　149
抗体産生細胞　177

後天性免疫　175
後頭葉　64
交尾　107
興奮性シナプス　62
孔辺細胞　88
五界説　17
コーカソイド　30
呼吸　73
コケ植物　20
古細菌　17
子育て　113
個虫　158
骨格系　35
骨芽細胞　35
骨細胞　35
骨組織　35
コード　144
コドン　144
コラーゲン　168
ゴルジ体　56,147
コレステロール　80
根冠　90
根毛　89,90
根粒菌　71

サ

細菌　17
サイクリン依存性キナーゼ　119
細胞　6,12,46,52,117
細胞外基質　35
細胞核　54
細胞骨格　123
細胞質　85
細胞質分裂　123
細胞周期　118
細胞性粘菌　158
細胞体　60
細胞板　123
細胞分化　58
細胞分裂　119
細胞膜　52

サイレンサー　141
柵状組織　90
三尖弁　40
サブユニット　77
サルコメア　37
酸化的損傷　164
酸化的リン酸化　54,87
散在神経系　63
三次構造　77,135
酸素　73

シ

紫外線　172
篩管　89
子宮　49,109
子宮腔　49
糸球体　84
軸骨格　35
軸索　60
シグナルペプチド　149
自己　164,175
自己スプライシング　152
自己免疫疾患　179
自殺遺伝子　165
脂質　78
脂質二重膜　52
ジスルフィド結合　176
雌性配偶子　48,100
自然選択（淘汰）説　22
自然発生　43
自然免疫　175
シダ植物　20
シトシン　134
シナプス　61
シナプス間隙　61
篩部　89
脂肪酸　79
社会性昆虫　111
シャルガフの法則　134
ジャワ原人　34
種　13,16
終止コドン　145

集中神経系　63
重複受精　109
絨毛　82
種子　20
種子植物　20
樹状突起　60
受精　100,105,159,186
受精卵　47,49
出芽　100,119
出芽酵母　100,119
『種の起源』　22
受粉　108
腫瘍　171
循環系　38
循環路　39
子葉　48
消化器官　59
消化器系　60
常在細菌　82
蒸散　88
脂溶性ビタミン　74
常染色体　103
常染色体性　169
小腸　82
消費者　88
上皮組織　35
小胞体　56,147
静脈　38
食育　185
食細胞　177
食虫植物　92
食道　81
植物界　20
食物網　68
食物連鎖　68,94
進化　13
　──の総合学説　23
真核生物　18,54,156
進化論　21
心筋　37,40
神経管　50
神経細胞　60

神経疾患　*170*
神経組織　*35*
神経胚　*50*
神経板　*50*
心室　*39*
真社会性　*111*
人種　*30*
腎小体　*84*
親水性　*52*
心臓　*39*
腎臓　*84*
真の群体　*158*
心房　*39*

ス

膵液　*84*
膵臓　*84*
水素結合　*135*
水溶液　*73*
水溶性ビタミン　*74*
ステロイド　*80*
ストロマ　*56,92*
スフィンゴ糖脂質　*79*
スプライシング　*142*
スプライソーム　*152*

セ

性　*100*
精核　*109*
生活史　*158*
生活習慣病　*168,185*
制御性T細胞　*178*
制限酵素　*182*
性交　*108*
精細胞　*103*
青酸カリ　*80*
生産者　*88*
精子　*103*
静止電位　*61*
生殖　*159*
生殖細胞　*99,157,159*
成人病　*168*

性染色体　*103*
生体構成物質　*73*
生体高分子　*74*
生態的地位　*29*
生体防御　*174*
性フェロモン　*106*
生物群集　*68,166*
生物の三大特徴　*12,118*
脊索動物（門）　*20,21*
脊椎動物　*20,27*
接合　*100*
接合型　*100*
接合子　*49*
節足動物（門）　*19,21,27*
遷移　*69*
染色体　*128*
染色体地図　*128*
センス鎖　*141*
前成説　*46*
選択的スプライシング　*142*
先天性免疫　*175*
蠕動運動　*81*
前頭葉　*64*
セントラルドグマ　*139*
繊毛虫類　*100*
前葉体　*20*

ソ

造血幹細胞　*177*
桑実胚　*47,49*
双子葉類　*5,20,89*
増殖　*118*
創造論　*21*
相同染色体　*102*
僧帽弁　*40*
相補性　*133,134*
相補的　*135*
早老症　*164*
側鎖　*75*
側頭葉　*64*
組織　*58*

疎水性　*52,78*
粗面小胞体　*56,147*

タ

第一減数分裂　*101*
第一精母細胞　*102*
第一卵母細胞　*102*
体液説　*3*
体外受精　*107*
体細胞　*100,157,159*
胎児　*49*
胎児期　*51*
大腸　*82*
体内受精　*108*
第二減数分裂　*102*
大脳　*31*
大脳基底核　*64*
大脳新皮質　*64*
大脳半球　*64*
　──の機能分化　*65*
大脳皮質　*64*
大脳辺縁系　*64*
胎盤　*49*
対立遺伝子　*126*
対立形質　*126*
大量絶滅　*28*
ダウン症候群　*170*
唾液アミラーゼ　*150*
多細胞生物　*13,99,155*
脱窒素作用　*71*
多糖　*78*
単細胞生物　*13,100,155*
炭酸固定反応　*91*
胆汁　*83*
単子葉類　*5,20,89*
炭水化物　*77*
単相　*101*
炭素循環　*71*
単糖　*77*
胆嚢　*83*
タンパク質　*75*
タンパク質リン酸化反応

チ

119

地球温暖化　188
地質年代　25
窒素固定　71
窒素循環　71
チミン　134
着床　49
中間径フィラメント　124
中期染色体　121
中心小体　121,124
中心体　121
中枢種　69
中枢神経系　63
中性脂質　79
柱頭　108
虫媒　107
中胚葉　58
中立説　24
チューブリン　124
超界　18
頂端分裂組織　49
跳躍伝導　62
直立二足歩行　31
チラコイド　56

ツ, テ

定常状態　150
定常領域　176
ディスプレイ　105
低分子RNA　137
低分子干渉RNA　137
デオキシリボ核酸　8,134
デオキシリボヌクレオチド　134
適応放散　28,29,31
デスミン　124
テロメア　161
テロメア短縮　162
テロメア配列　161
テロメア末端複製問題　162

テロメラーゼ　162
転移　171
電子伝達系　87
転写　139
転写調節領域　141

ト

動物界　19
道管　89
動原体　122
糖脂質　79
糖質　77
糖新生　83
洞房結節　40
動脈　38
独立の法則　126
突然変異　171
トリアシルグリセロール　79
トリソミー　170
トリパノソーマ症　167
トリプシン　84
貪食　177

ナ

内骨格　28
内細胞塊　49
内臓筋　37
内胚葉　58
軟体動物門　21

ニ

二価染色体　102
肉腫　171
ニグロイド　30
ニコチンアミドーアデニンジヌクレオチド　87
二酸化炭素　73,87
　——濃度の上昇　188
二次構造　77,135
二次性徴　104

二次遷移　69
二重らせん　133,134
二尖弁　40
ニッチ　29,31
二分裂　55,100
二命名法　6
乳酸　87
ニューロン　60
尿細管　84

ヌ

ヌクレイン　132
ヌクレオシド　133
ヌクレオソーム　130
ヌクレオチド　133

ネ

根　90
ネアンデルタール人　34
ネオ・ダーウィニズム　23
ネフロン　84

ノ

農耕牧畜　94
能動輸送　53
嚢胚　47
脳梁　64
乗換え　102

ハ

葉　90
胚外中胚葉　49
配偶体　20
胚子期　51
胚乳　49,109
胚嚢　108
胚盤胞　49
胚葉　46
ハウスキーピング遺伝子　139
バクテリア　17
拍動　40

破骨細胞　35, 40
ハダカデバネズミ　112
発芽　49
発がん性物質　172
白血球　177
発現　139
発生　47, 159
花　107
反芻動物　96
パンスペルミア説　15
伴性　169
ハンチントン病　170
半透性　52
反復配列　129, 161
半保存的複製　119

ヒ

ビオトープ　72
非自己　164, 175
被子植物　20
被子植物門　21
微絨毛　82
微小管　122
ヒストン　121, 130
ビタミン　74
ビタミンB_1　168
　——欠乏症　168
ビタミンC　168
　——欠乏症　168
ビタミンD　80
ヒトゲノム　129
ヒトゲノムプロジェクト　139
泌尿器官　60
非普遍遺伝暗号　145
肥満　169
病原性細菌　166
表皮系　88
日和見感染　178
ピルビン酸　86
品種改良　126, 184

フ

ファブリキウス嚢　178
風媒　107
フェロモン　106
複製　133
複製開始点　121
複相　101
複分裂　100
プシュケ　4
不随意運動　37
付属肢骨格　35
物質循環　70
物質代謝　12
不等分裂　102
プニューマ　4
普遍遺伝暗号　145
プライマー　121
プライマーゼ　121
プリズム幼生　47
プルテウス幼生　47
ブローカの言語中枢　65
プログラム細胞死　165
プロセッシング　142
プロトンポンプ　91
プロモーター　141
分化　58
分子進化　24
分節構造　27
分泌タンパク質　147
分娩　51
分離の法則　126
分裂　100, 118, 119
分裂限界　160

ヘ

平滑筋　37
閉鎖血管系　38
ヘイフリック限界　160
北京原人　34
β-1,4-グリコシド結合　78
β-シート　77

ヘテロクロマチン　130
ヘテロ接合体　126
ペプシノーゲン　81
ペプシン　82, 150
ペプチド結合　75
ペプチド転移　145
ペプチド転移反応　137
ペルオキシソーム　56
ヘルパー　114
ヘルパーT細胞　178
ペロミクサ　57
変形菌　158
変形体　158
娩出期　51

ホ

胞子　19
胞子体　20
「飽食の時代」　67, 185
紡錘糸　124
紡錘体　122
胞胚　47
捕虫葉　92
母乳　114
ボーマン嚢　84
ホムンクルス　45
ホモ・エレクトウス　34, 187
ホモ・サピエンス　16
ホモ接合体　126
ホモ・ネアンデルターレンシス　34
ホモ・ハビリス　33, 186
ポリAテイル　141
ポリアデニル酸　141
ポリペプチド鎖　75, 136
ポリメラーゼ連鎖反応　182
ボルボックス　157
翻訳　140, 143
翻訳終結因子　145

マ

マイクロRNA　*137*
マイクロフィラメント　*123*
膜貫通タンパク質　*148*
膜進化説　*157*
膜電位　*61*
末梢神経系　*63*
マラリア　*167*
マルトース　*85*

ミ

ミエリン鞘　*62*
ミオシンフィラメント　*37*
ミカエリス定数　*150*
『ミクログラフィア』　*6*
水　*73*
ミセル　*79*
ミトコンドリア　*54,85,157*

ム

無限増殖　*173*
無性生殖　*100*
群れ社会　*110*

メ

明反応　*91*
メタボリックシンドローム（症候群）　*169*
メチオニン　*145*
メチル化　*131*
メッセンジャーRNA　*136,141*
免疫グロブリン　*176*
免疫系　*175*
免疫不全症候群　*179*
メンデルの法則　*8,126*

モ

毛細血管　*38*
木部　*89*
モータータンパク質　*122*
モネラ界　*17*
モノクローナル抗体　*179*
門　*16*
モンゴロイド　*30*

ヤ, ユ

優性　*170*
有性生殖　*100*
雄性配偶子　*48,100*
有胎盤類　*31*
優劣（優性）の法則　*126*
ユークロマチン　*130*

ヨ

葉状植物　*88*
葉肉　*90*
羊膜　*49*
葉脈　*90*
葉緑体　*56,91,157*
抑制性シナプス　*62*
四次構造　*77*

ラ

ラウス肉腫ウイルス　*172*
ラギング鎖　*121,161*
裸子植物　*20*
ラフレシア　*29*
ラミン　*124*
卵子　*102*
ランヴィエ絞輪　*62*
卵黄嚢　*49*
卵割　*47*
卵割腔　*47*
卵管　*49*

リ

利己的な遺伝子　*131*
リサイクル　*70*
リソソーム　*56*
リーディング鎖　*121,161*
リボ核酸　*8,85,134*
リボザイム　*152*
リボソーム　*54,56*
リボソームRNA　*54*
リボソームタンパク質　*54*
リポタンパク質　*83*
リボヌクレオチド　*85,134*
両親媒性　*79*
良性腫瘍　*171*
リン脂質　*52,79*
輪状ひだ　*82*
リンパ球　*177*
リンパ系　*38*

レ

霊長目　*31*
劣性　*170*
連合野　*65*
連鎖　*128*

ワ

ワクチン　*167*

著者略歴

武村 政春（たけむら まさはる）

1969 年	三重県に生まれる。
1992 年	三重大学 生物資源学部 卒業。
1998 年	名古屋大学大学院 医学研究科 博士課程修了。名古屋大学 助手、三重大学 助手、東京理科大学 講師・准教授を経て、
現 在	東京理科大学 教養教育研究院 教授、博士（医学）。
主 著	『ベーシック生物学（増補改訂版）』（裳華房）、『生物はウイルスが進化させた』（講談社ブルーバックス）、『レプリカ』（工作舎），『DNA の複製と変容』（新思索社） 他

巨大ウイルスに関する研究、真核生物の起源に関する研究、中等教育における新しい生物教育教材等の開発研究に従事。また一般書等を通じて、分子生物学や生命科学をわかりやすく社会に伝える活動も行っている。

人間のための 一般生物学

2007 年 10 月 25 日	第 1 版 発 行
2015 年 4 月 5 日	第 4 版 1 刷発行
2024 年 3 月 25 日	第 4 版 5 刷発行

検印省略

定価はカバーに表示してあります。

著 作 者	武 村 政 春
発 行 者	吉 野 和 浩
発 行 所	東京都千代田区四番町 8-1 電 話　03-3262-9166 (代) 郵便番号　102-0081 株式会社　裳 華 房
印 刷 所	㈱デジタルパブリッシングサービス
製 本 所	

一般社団法人 自然科学書協会会員

JCOPY〈出版者著作権管理機構 委託出版物〉

本書の無断複製は著作権法上での例外を除き禁じられています．複製される場合は，そのつど事前に，出版者著作権管理機構（電話 03-5244-5088，FAX 03-5244-5089，e-mail: info@jcopy.or.jp）の許諾を得てください．

ISBN978-4-7853-5214-1

Ⓒ 武村政春，2007　　Printed in Japan

書名	著者	定価
基礎からスタート 大学の生物学	道上達男 著	2640円
新版 生物学と人間	赤坂甲治 編	2530円
ヒトを理解するための 生物学（改訂版）	八杉貞雄 著	2420円
ワークブック ヒトの生物学	八杉貞雄 著	1980円
医療・看護系のための 生物学（改訂版）	田村隆明 著	2970円
理工系のための 生物学（改訂版）	坂本順司 著	2970円
医薬系のための 生物学	丸山・松岡 共著	3300円
入門 生化学	佐藤 健 著	2640円
イラスト 基礎からわかる 生化学	坂本順司 著	3520円
コア講義 生化学	田村隆明 著	2750円
よくわかる スタンダード生化学	有坂文雄 著	2860円
医学系のための 生化学	石崎泰樹 編著	4730円
タンパク質科学 生物物理学的なアプローチ	有坂文雄 著	3520円
遺伝子科学 ゲノム研究への扉	赤坂甲治 著	3190円
コア講義 生物学（改訂版）	田村隆明 著	2530円
新しい教養のための 生物学（改訂版）	赤坂甲治 著	2640円
ベーシック生物学（増補改訂版）	武村政春 著	3080円
図解 分子細胞生物学	浅島・駒崎 共著	5720円
コア講義 分子生物学	田村隆明 著	1650円
基礎分子遺伝学・ゲノム科学	坂本順司 著	3080円
コア講義 分子遺伝学	田村隆明 著	2640円
発生生物学 基礎から再生医療への応用まで	道上達男 著	3630円
進化生物学 ゲノミクスが解き明かす進化	赤坂甲治 著	3520円
微生物学 地球と健康を守る	坂本順司 著	2750円
植物生理学	加藤美砂子 著	2970円
しくみと原理で解き明かす 植物生理学	佐藤直樹 著	2970円
陸上植物の形態と進化	長谷部光泰 著	4400円
ゲノム編集の基本原理と応用	山本 卓 著	2860円

◆ 新・生命科学シリーズ ◆

書名	著者	定価
動物の系統分類と進化	藤田敏彦 著	2750円
植物の系統と進化	伊藤元己 著	2640円
動物の発生と分化	浅島・駒崎 共著	2530円
ゼブラフィッシュの発生遺伝学	弥益 恭 著	2860円
動物の形態 進化と発生	八杉貞雄 著	2420円
動物の性	守 隆夫 著	2310円
動物行動の分子生物学	久保健雄 ほか共著	2640円
脳 分子・遺伝子・生理	石浦・笹川・二井 共著	2200円
植物の成長	西谷和彦 著	2750円
植物の生態 生理機能を中心に	寺島一郎 著	3080円
動物の生態 脊椎動物の進化生態を中心に	松本忠夫 著	2640円
遺伝子操作の基本原理	赤坂・大山 共著	2860円
エピジェネティクス	大山・東中川 共著	2970円
気孔 陸上植物の繁栄を支えるもの	島崎研一郎 著	2860円

裳華房ホームページ　https://www.shokabo.co.jp/　※価格はすべて税込（10%）